Der globale Superorganismus

Jens Zett
c/o AutorenServices.de
König-Konrad-Str. 22
36039 Fulda

Herstellung und Druck:
Siehe Eindruck auf der letzten Seite

ISBN-13: 978-1482509199
ISBN-10: 1482509199

Inhalt

I . Einleitung

Das Leben auf der Erde ist ein Mysterium. Die wundervolle Vielfalt der Lebensformen, deren rätselhafte Entstehung und die unglaubliche Raffinesse der Natur haben die Menschheit seit dem Anbeginn der Zivilisation bis zur heutigen Zeit fasziniert. Aus dieser Faszination heraus entstanden eine Reihe von Theorien, die die Entstehung und den tieferen Sinn des Lebens auf der Erde zu erklären versuchen. Auf der Basis des nur sehr begrenzten Wissensstandes der Menschen vor einigen Jahrtausenden entstanden natürlich nur relativ oberflächliche Theorien, in denen oftmals mit übernatürlichen Mächten argumentiert wurde, die das gesamte Universum steuern und dadurch das Leben erschaffen konnten. Relikte dieser Theorien finden sich heutzutage immer noch in Religionen, die sich seit dem Altertum erhalten haben. Doch im Laufe der Jahrhunderte gelangen der Menschheit immer größere und weitreichendere wissenschaftliche Durchbrüche, die zu einem exponentiellen Anwachsen von Wissen geführt haben. Aus diesem neu entstandenen Wissen konnten in jedem Bereich der Wissenschaft neue Theorien aufgestellt werden, die die beobachtbare Wirklichkeit besser als ihre Vorgängertheorien beschrieben. Dabei ist es jedoch oft der Fall, dass die alten Theorien nicht über den Haufen geworfen, sondern erweitert oder überarbeitet werden, wie z.B. im Bereich der Newtonschen Mechanik, die für kleine Geschwindigkeiten durchaus sehr präzise ist, während jedoch mit steigenden Geschwindigkeiten die theoretischen Vorhersagen immer schlechter mit der beobachtbaren Realität übereinstimmen. Eine Erweiterung durch Albert

Einsteins Relativitätstheorie konnte diese Unstimmigkeit zwischen theoretischen Vorhersagen und praktischen Beobachtungen beseitigen und so die Wirklichkeit genauer beschrieben, bzw. vorhersagen. Ähnliches hat sich bei den Theorien zur Entstehung der Lebewesen vollzogen. Altertümliche Theorien gingen von einer statischen Welt aus, die sich praktisch nicht verändert, doch mit der Zeit häuften sich die Erkenntnisse, dass dies absolut nicht der Wirklichkeit entsprach. Natürlich mag es für die Menschen den trügerischen Anschein gehabt haben, dass sich die Welt kaum verändert, da die Veränderungen im Laufe eines Menschenlebens, zumindest damals, nicht besonders groß waren. Doch mit der Zeit häuften sich die wissenschaftlichen Beobachtungen, z.b. durch die Geologie, Archäologie und vielen weiteren Wissenschaften, dass die Erde extrem alt ist und sich die Lebensformen in diesen gigantischen Zeitspannen oftmals sehr stark verändert haben. Diese Erkenntnisse wurden von Wissenschaftlern genutzt, um neue Theorien zu der Entwicklung des Lebens aufzustellen, wie z.B. von Lamarck oder Darwin. Bis heute am weitesten verbreitet ist dabei eine leicht abgeänderte Version von Darwins Evolutionstheorie, die besagt, dass alle Entwicklungen von Lebewesen darauf zurückzuführen sind, dass es zufällige genetische Veränderungen gibt, gute und schlechte, aber die Lebewesen mit vorteilhaften Mutationen einen Überlebens – und Fortpflanzungsvorteil hätten, sodass diese „verbesserten" Lebewesen mehr überlebende Nachkommen erzeugen. Eine relativ simple Theorie, die mit wenigen Annahmen weitreichende Phänomene zu erklären versucht. Obwohl Teile von Darwins Theorie heute noch richtig sind, wie z.B. die Schlussfolgerung das alle Lebewesen von einem gemeinsamen Vorfahren abstammen, gibt es doch einige Beobachtungen und Erkenntnisse, die nahelegen, dass die Evolutionstheorie nach Darwin gravierende Lücken bei der Beschreibung der Wirklichkeit aufweist [1] [2]. Insbesondere die rasante Weiterentwicklung bei Beobachtungs– und Messgeräten, insbesondere in der Mikro- und Nanotechnologie, sowie ein immer tieferes Verständnis von genetischen Prozessen zeigen auf, wo die Grenzen von Darwins Theorie liegen. Der Punkt an dem Darwins Theorie Probleme hat, die neuen Erkenntnisse einzubauen ist bereits vor einiger Zeit erreicht worden, auch wenn einige der neuen Beobachtungen von der der breiten Massen der Wissenschaftlergemeinde schlichtweg immer noch weitgehend ignoriert werden [1] [2]. Jedoch wird es immer deutlicher, dass eine neue, erweiterte Evolutionstheorie nötig ist, um die beobachtbare Wirklichkeit zu beschreiben.

II. Die Entwicklung des Lebens auf der Erde

Die heute auf der Erde lebenden Bioorganismen sind unvorstellbar komplex. Die hohe Komplexität und nahezu perfekte Anpassung an die jeweiligen Lebensräume, mag bei vielen Menschen den Eindruck erwecken, dass die Lebewesen von einem allwissenden und allmächtigen Gott erschaffen sein müssen, wie es von vielen religiösen Institutionen vertreten wird. Doch seit dem Beginn wissenschaftlicher Betrachtung der Geschichte des Lebens auf der Erde kristallisierte sich immer mehr heraus, dass die Erde wesentlich älter ist, als nach altertümlichen Theorien angenommen worden war. Nach heutigen Erkenntnissen ist die Erde um die 4,6 Milliarden Jahre alt und beherbergt seit ca. 3,5 bis 4,1 Milliarden Jahren Leben [3] [4], was natürlich bedeutend länger ist als das von einigen Religionen angenommene Alter von nur wenigen tausend Jahren. Doch auch vor einigen Jahrhunderten, als es noch nicht die heutigen Datierungsmethoden gab, konnten Geologen anhand der Gesteinsschichten darauf schließen, dass die Erde sehr alt sein muss und es im Laufe ihrer Existenz zu massiven Veränderungen der Umweltbedingungen gekommen war. Anhand von ausgegrabenen Fossilien wurde immer offensichtlicher, dass das Leben, wie es heute auf der Erde existiert, einen massiven Entwicklungsprozess durchlaufen hat, in dem es eine unglaubliche Vielzahl von Lebensformen und Zwischenstufen gab, aus denen schließlich die heute lebenden Tiere, sowie der Mensch entstand. Diese Erkenntnisse führten natürlich zu einigen Kontroversen mit Verfechtern von nicht mehr zeitgemäßen Weltanschauungen, doch die Beharrlichkeit einiger

Wissenschaftler zahlte sich aus, sodass die Evolution der Lebewesen heutzutage gemeinhin anerkannt ist. Doch auch wenn man das Vorhandensein eines evolutionären Prozesses eindeutig beobachten kann, sind dessen Mechanismen bis heute relativ wenig verstanden.

Die momentane „Standardtheorie" der Evolution, die von vielen Wissenschaftlern immer noch als das Nonplusultra der Evolutionstheorien angesehen wird, ist die nach Darwin. Gemäß dieser Theorie ist die Entwicklung der Lebewesen recht simpel: Es kommt zu zufälligen Mutationen im Genom, die für das Lebewesen in seinem momentanen Lebensraum gut oder schlecht sein können. Die Lebewesen mit den vorteilhaften Mutationen hätten daraufhin einen Überlebens – und Fortpflanzungsvorteil, sodass sich diese Mutationen mit der Zeit durchsetzen. Neue Spezies entstünden demnach, wenn zwei Populationen derselben Spezies örtlich voneinander getrennt werden und sie sich durch zufällige Mutationen „auseinanderentwickeln". Sind die Populationen schließlich genetisch zu verschieden, können sie miteinander keine Nachkommen mehr zeugen, d.h. sie gehören nun zwei unterschiedlichen Spezies an. Diese Theorie scheint alles nötige für die Evolution zu erklären: Das Auftreten von Veränderungen in Lebewesen (Zufallsmutationen im genetischen Code), eine Verbesserung (Auswahl der guten Veränderungen durch erhöhte Überlebenschancen), sowie die Entstehung neuer Spezies (Anhäufungen der Veränderungen bei örtlich getrennten Populationen derselben Spezies, bis die genetischen Unterschiede zu groß sind). Es gibt jedoch eine Reihe von Beobachtungen und neuen Erkenntnissen, die diesem Ablauf der Evolution massiv widersprechen. Eine nach Darwin ablaufende Entwicklung würde gleichmäßig verlaufen [1], da statistisch gesehen zufällige Mutationen immer gleich wahrscheinlich auftreten. Ebenso würden die Mutationen über das gesamte Genom gleichmäßig verteilt werden [1]. Das kann man sich ähnlich wie beim Werfen eines Würfels vorstellen, wenn man diesen oft genug wirft, wird im Durchschnitt jede Zahl gleich oft oben liegen, da die Wahrscheinlichkeit für alle Zahlen gleich groß ist. Die beobachteten Mutationsraten sind jedoch zeitlich und örtlich ganz und gar nicht gleichmäßig [1] [5] [6]: Es kam in der Vergangenheit immer wieder zu massiven Evolutionssprüngen, bei denen es innerhalb einer relativ kurzen Zeit zu massiven Veränderungen im Genom kam, während zwischen diesen Sprüngen oft sehr lange Zeiten der Stasis lagen [1] [7] [8] [9]. Selbst bei Evolutionssprüngen wurde nicht das gesamte Genom umstrukturiert, sondern es kam je nach Bereich zu mehr oder weniger Veränderungen [1] [5]. Alleine schon diese beiden Tatsachen sollten bezüglich Darwins Theorie stutzig machen.

Wieso diese Widersprüche zu Darwins Theorie auftreten ist bereits seit längerem bekannt, nur die zugrunde liegende Ursache wird entweder ignoriert oder wurde noch nicht anerkannt. Die Veränderungen in bestimmten Bereichen und zu bestimmten Zeiten werden durch in der DNA enthaltene Transpositionselemente verursacht. Diese, auch Transposonen genannten DNA Abschnitte, sind genetische Werkzeuge, die vereinfacht gesagt, Gene ausschneiden, kopieren, einfügen, inaktivieren oder löschen können [1] [5]. Alleine das Vorhandensein dieser Werkzeuge hätte zu einem Infrage stellen der darwinistischen Theorie führen müssen, da es anscheinend nicht nur zufällige Mutationen (durch äußere Einflüsse, wie z.B. Strahlung) im Genom gibt, sondern das Genom Werkzeuge zur Selbstveränderung besitzt. Diese Erkenntnis ist keineswegs neu, bereits 1950 entdeckte Barbara McClintock diese Transpositionselemente in Mais [10] [11]. Da deren Entdeckung und die Erkenntnis, dass das Genom sich selbst verändern kann, im Widerspruch zu den Aussagen der allgemein als richtig angesehenen Theorie Darwins standen, wurde McClintock schlichtweg ignoriert und ihre Erkenntnisse totgeschwiegen. Erst 1983 erhielt sie den Nobelpreis, nachdem in den über 30 Jahren, die seit ihrer Entdeckung vergangen waren, viele weitere Wissenschaftler ähnliche Beobachtungen veröffentlichten. Zu einer Anpassung von Darwins Evolutionstheorie kam es dennoch seitdem nicht [2]. Selbst nach der Auslesung des menschlichen Genoms durch das Human Genome Project, dessen Ergebnisse 2003 veröffentlich wurden, kam es zu keiner Anpassung. Dies mag verwundern, insbesondere da das Genom nicht das enthielt was gemeinhin vorausgesagt wurde, denn man ging davon aus, dass die gesamte DNA aus Genen besteht, die Proteine kodieren. Tatsächlich besteht das Genom zu nur ca. 2% (!) aus Proteinbauplänen. Transposonen machen dagegen um die 40% aus [1] [12]. Diese wurden kurzerhand als „Müll" oder „Schrott"-DNA bezeichnet, die sich zufällig angesammelt hatten und nur einen Eigennutzen verfolgen (egoistische Gene). Doch mit der Zeit wurde glücklicherweise die wahre Funktion dieser sich oft in die DNA wiederholenden Elemente geklärt, sodass der „Müll-DNA" Standpunkt heutzutage kaum noch vertreten wird. Mit der Zeit kristallisierte sich heraus, dass die DNA keineswegs einfach nur eine Art Sammlung von Proteinrezepten ist, sondern vielmehr eine Art Datenbank mit ausführbaren „Programmen". Eshel Ben-Jacob sprach in diesem Zusammenhang von kybernetischen Aktoren/Agenten und bezeichnete das Genom als eine Art „Computer" [2].

Das Vorhandensein und die Fähigkeiten der Transposonen die DNA zu verändern kann jedoch erklären, wieso es nur zu bestimmten Zeiten und in bestimmten Bereichen des Genoms evolutionär zu Veränderungen kam. In den Zeiträumen genetischer Stasis waren diese Transpositionselemente schlichtweg inaktiv, sodass es kaum zu Veränderungen kam und je nachdem auf welche Art und Weise sie aktiviert wurden, haben sie verschiedene Bereiche des Genoms verändert. Gemäß Darwins Theorie müssten alle Lebewesen in den gleichen Zeiträumen annähernd der gleichen Anzahl von zufälligen Mutationen ausgesetzt sein, sodass es zur gleichen „Evolutionsrate" kommt. Beobachtungen zeigen jedoch, dass dies absolut nicht der Fall ist, z.B. gibt es Lebewesen, die sich teilweise seit über Hunderten Millionen Jahren nur wenig bis gar nicht verändert haben, wie Krokodile, Quallen oder der Nautilus, wohingegen sich die meisten Säugetiere in der gleichen Zeitspanne sehr stark entwickelt haben.

Der Sargnagel in Darwins Theorie ist jedoch die statistische Auswertung des Auftretens und des Einflusses von Mutationen: Laut mathematischen Berechnungen ist die Wahrscheinlichkeit für das Auftreten einer positiven Mutation 1: 1 000 000. Das heißt, dass bei zufälligen Mutationen 999 999 von einer Million für den Organismus schädlich sind und z.B. durch Erbkrankheiten zu einer Verschlechterung seiner Überlebensfähigkeit führen. Bei höheren Tieren würde dies eine Weiterentwicklung absolut ausschließen, denn ein Mensch sammelt in seinem Leben etwa 50 zufällige Mutationen im Genom an, die er an seine Nachfahren weitergeben kann. Dass allein mehr als die Hälfte der Mutationen vorteilhaft sind, ist bereits so unwahrscheinlich, dass es mit fast absoluter Sicherheit noch nie aufgetreten ist: Die Wahrscheinlichkeit wäre etwa 1: 10^{150}, was einer Eins mit 150 Nullen entspricht. Zum Vergleich, die Anzahl aller Atome im Universum wird auf ca. 10^{80} geschätzt. Doch das ist nur ein relativ geringer Teil der „Unwahrscheinlichkeit", denn ein Mensch mit überwiegend positiven Mutationen muss nun auch noch einen Fortpflanzungspartner finden, der ebenfalls überwiegend positive Mutationen in seinen Keimzellen hat, damit die Nachkommen insgesamt einen genetischen Vorteil haben. Da bereits das Auftreten eines einzelnen durch Zufallsmutationen „verbesserten" Menschen so unwahrscheinlich ist, dass es mit fast absoluter Sicherheit niemals passieren wird, ist die Wahrscheinlichkeit dass dieser Mensch sich noch mit einem genetisch vorteilhaften Partner fortpflanzt, praktisch null. Es mag verwundern, dass Angesichts dieser überwältigenden Unwahrscheinlichkeit für einen vorteilhaften Effekt von Zufallsmutationen immer noch an Darwins Theorie festgehalten wird. Jedoch hat dies historische und gesellschaftliche Gründe: Darwin legte seine Theorie zur Entwicklung der Lebewesen explizit so aus, dass eine unbekannte „Macht" keine Rolle spielt, um eine erneute Einflussnahme der katholischen Kirche auf die Wissenschaft zu verhindern [1]. Den Zufall zum Evolutionstreiber zu machen war dabei ein gerissener Schachzug, obwohl Darwin selbst sagte, dass es sinnvoll wäre, Mutationen nur solange als zufällig zu behandeln, bis man ihren wahren Ursprung bestimmen könnte [13]. Doch selbst heutzutage gibt es vielfach Bemühungen von religiösen Extremisten altertümliche religiöse Theorien in Schulen unterrichten zu lassen, selbst in den eigentlich wissenschaftlich sehr fortschrittlichen USA. Obwohl die Forschung an den Universitäten dort Weltklasse ist, gibt es dort die relativ starke gesellschaftliche Bewegung des Kreationismus, oder

„Intelligent Design", die eine Lehre gemäß der Schöpfungstheorie der Bibel predigen, die an Stelle von wissenschaftlichen Theorien in der Schule gelehrt werden soll. Es mag absurd erscheinen, dass die „Kreationisten" oft wissenschaftliche Scheinargumente nutzen um andere Theorien zur Entstehung der Lebewesen zu diskreditieren, während eine auch nur annähernd wissenschaftliche Betrachtung der Schöpfungslehre als Theorie für die Evolution der Lebewesen eine diese bereits als hanebüchenen Unsinn entlarvt (obwohl die Schöpfungslehre unter philosophischen Geschichtspunkten durchaus interessant ist). Doch aufgrund der irrationalen Wucht dieser Bewegung wird es von Wissenschaftlern vermieden, die Evolutionstheorie von Darwin zu hinterfragen, oder gar zu überarbeiten, aus Angst, dass Kreationisten darüber eine Möglichkeit zur Einflussnahme in die Wissenschaft erhalten können [14]. So wird ein Erstarken der „Intelligent Design" Bewegung befürchtet, wenn die Wissenschaft den Kreationisten nicht vereint gegenübersteht. Andererseits wird es zunehmend schwieriger die Evolutionstheorie zu verteidigen, da eine Vielzahl von Unstimmigkeiten in Darwins Theorien zu Tage getreten sind, die die Kreationisten als Vorwand nutzen können, um die wissenschaftliche Betrachtung der Evolution als Ganzes zu diskreditieren. So könnte argumentiert werden, dass die Evolutionstheorie komplett falsch sei, da der als Entwicklungstreiber postulierte Mechanismus nach neueren wissenschaftlichen Erkenntnissen nicht mehr haltbar ist. Es mag absurd anmuten, dass Menschen, die an eine absolut unwissenschaftliche Schöpfungstheorie glauben, eine wissenschaftliche Theorie mit wissenschaftlichen Argumenten untergraben könnten, doch ohne eine neue Evolutionstheorie wird genau dieser Fall eintreten.

Aus diesem Grund ist es wichtig, auch bei Evolutionstheorien und der Gefahr des Einzugs von religiösen Ansichten in die Wissenschaft, offen für neue Erkenntnisse zu sein und bestehende Theorien immer kritisch zu hinterfragen. Zufällige Mutationen werden durch die Erkenntnis, dass es genombearbeitende Werkzeuge gibt, nicht mehr als Evolutionsmotor benötigt.

Da diese Transposonen Gene deaktivieren, ausschneiden, kopieren, woanders wieder einfügen oder löschen können ist die Evolution nicht auf zufällige Veränderungen im Genom angewiesen. Entscheidend ist dabei vielmehr die Aktivität der Transposonen, denn diese sind unter normalen Umständen stark reguliert und werden von der Zelle gehemmt, wodurch es zum Phänomen der genetischen Stasis kommt [1]. Doch wann werden die Transpositionselemente von der Leine gelassen? Evolutionssprünge kommen nachweislich sehr oft nach Aussterbeereignissen vor, d.h. wenn ein äußerer Stressor vorliegt, z.B. durch stark veränderte Umweltbedingungen [1]. Als Folge daraus ist das Überleben der Art gefährdet, sodass die Transposonen aktiviert werden, um das Genom zu verändern, wodurch es zu einer Anpassung an neue Umweltbedingungen kommen kann [1]. Eine Selbstveränderung des Genoms mithilfe von genetischen Werkzeugen als Reaktion auf äußere Stressoren widerspricht natürlich Darwins Evolutionstheorie massiv, doch bereits McClintocks Versuche in den 1940ern und 50ern konnten zeigen, dass z.B. radioaktive Strahlung die Aktivität der Transposonen stark erhöht.

Eine Theorie ist ein theoretisches Konstrukt, dass einerseits Beobachtungen der realen Welt beschreiben soll und andererseits Vorhersagungen treffen kann, die dann anhand neuer Beobachtungen bestätigt oder widerlegt werden können. Stehen Beobachtungen im Widerspruch zu Vorhersagungen der Theorie, wie z.B. eine sprunghafte, statt eine gleichmäßige Evolution, oder genomverändernde Werkzeuge statt Zufallsmutationen als „Veränderungsmotor", dann hat die Theorie versagt und sie muss überarbeitet oder durch eine neue Theorie ersetzt werden. Natürlich ist die Grundaussage der Theorie immer noch richtig, dass alle Lebewesen sich aus einem gemeinsamen Vorfahren entwickelt haben, nur der postulierte Mechanismus für diese Evolution ist wissenschaftlich nicht mehr haltbar.

Doch es stellt sich die Frage, wie es dann zu der Entwicklung von Lebewesen kommt, denn das bloße Vorhandensein von Transpositionselementen und die Beobachtung ihrer Funktionalität, erklären noch nicht wie sie funktionieren und gesteuert werden. Im Grunde genommen sind sie nur Werkzeuge, deren richtige Anwendung zu einer Anpassung des Genoms führen kann, doch dafür müssen sie gesteuert werden. Dies ist anscheinend der Fall, denn es kommt bei Evolutionssprüngen nicht im gesamten Genom zu Veränderungen, sondern nur in bestimmten Bereichen. Doch was steuert die Transpositionselemente, und wie?

III. Biologische Superorganismen

Ein Superorganismus ist ein biologischer Organismus, der aus einzelnen Teilzellen besteht, die jede für sich genommen ein eigenständiges Lebewesen sein könnten. Als klassisches Beispiel wird dabei oft der Ameisenhaufen genannt: Jede Ameise für sich ist ein einzelnes Lebewesen, doch aufgrund der Spezialisierung auf eine Aufgabe, wie Essensbeschaffung oder Fortpflanzung, ist jede für sich nicht lebensfähig, nur als Ganzes ist die Ameisenkolonie langfristig überlebensfähig. Eine Grundvoraussetzung für das Funktionieren eines Superorganismus ist die Kommunikation zwischen Teilzellen, denn anders können überlebenswichtige Prozesse, wie Nahrungssuche oder Feindesabwehr nicht gesteuert werden. Bei Ameisen geschieht dies z.B. über Duftstoffe, bzw. Pheromone. Als Folge bilden Ameisen, die jede für sich weder besonders groß noch besonders intelligent sind, etwas größeres: einen Superorganismus, die Ameisenkolonie. Doch im Grunde genommen kann man alle vielzelligen Lebewesen als Superorganismen bezeichnen, denn sie haben die gleichen Eigenschaften: Ein Mensch z.B., besteht aus Billionen von einzelnen Zellen, die selbst bereits eigenständige Lebewesen sein könnten. Doch durch die Spezialisierung, beispielsweise in Knochen, Leber oder Nervenzellen sind sie nur noch als Teil des Superorganismus lebensfähig, können jedoch jeweils eine spezielle Aufgabe übernehmen, wie z.B. den Abbau von schädlichen Stoffen. Um das Funktionieren des Superorganismus zu gewährleisten gibt es eine sehr große Anzahl von Botenstoffen, wie Hormone und Neurotransmitter, für die die jeweiligen Empfänger Sensoren in Form von Rezeptoren haben. Dadurch können die Zellen miteinander kommunizieren und das Überleben des Gesamtorganismus koordinieren. Dabei bilden die Zellen wieder etwas größeres, das die eigenen Fähigkeiten übersteigt, nämlich den Menschen und sein Bewusstsein. Das ist bemerkenswert, denn die Kommunikation der Nervenzellen miteinander ist dazu in der Lage Informationen auszuwerten, zu speichern und derart zu verarbeiten, dass sie ein Bewusstsein bilden. Dabei kann man den Begriff des Superorganismus noch weiter ausdehnen, denn im Grunde ist die ganze Menschheit ebenfalls eine Art Organismus, der aus vielen Teilzellen (einzelnen Menschen) besteht, die miteinander kommunizieren und dadurch etwas Größeres erschaffen (Unternehmen, Städte, Länder, -> die Menschheit)

In der Natur gibt es jedoch noch weit unscheinbarere, wenn auch nicht weniger faszinierende Superorganismen: Bakterienkolonien [2] [4] [15].

Die auf den ersten Blick recht unscheinbaren Bakterien wurden lange als Einzelgänger angesehen, die kaum mehr machen als Nahrung aufzunehmen und sich zu teilen. Doch in Wirklichkeit bilden Bakterien hochkomplexe Kolonien, die im Grunde wie vielzellige Lebewesen organisiert sind: Es bilden sich verschiedene Zelltypen, die dazu imstande sind die unterschiedlichsten Arbeiten zu verrichten. Dabei bilden sie gigantische Kolonien, die bis zu 100mal mehr Bakterien umfassen, als es Menschen auf der Erde gibt. Um dennoch eine Koordination der Einzelzellen zu gewährleisten, ist eine effiziente Kommunikation der Bakterien miteinander unabdingbar. Dabei gibt es, gleichermaßen wie im Menschen mit chemischen Botenstoffen oder elektrischen Impulsen, verschiedene Methoden, um Informationen zu übertragen und das Verhalten der Kolonie zu steuern: Das Quorum Sensing, chemotaktische Signale, Plasmidaustausch, sowie das erst vor Kurzem entdeckte Kommunizieren über elektrische Impulse durch Ionenkanäle an der Zellaußenmembran [15]. Das Quorum Sensing bezeichnet dabei die Methode, nach der Bakterien die Zelldichte in der Kolonie messen können: Dazu bilden Bakterien Signalmoleküle, deren Konzentration von den anderen Mitgliedern der Kolonie wahrgenommen werden können. Dies ist zum Beispiel bei der Bildung eines Biofilms wichtig, der die Bakterienkolonie z.B. vor dem Immunsystem eines Vielzellers schützen kann. So wäre es sinnlos, wenn einige einzelne Bakterien Biofilmmoleküle bilden würden, da sie nicht ausreichen um eine schützende Schicht um sich zu bilden, sodass Immunzellen den Biofilm und die Bakterien zerstören können. Wenn es jedoch genügend Bakterien auf einem Haufen gibt, die alle Signalmoleküle aussenden, nehmen dies alle Bakterien der Kolonie war und beginnen damit einen Biofilm zu bilden um die Kolonie zu schützen.

Doch chemische Kommunikation wird von Bakterien nicht nur genutzt, um Informationen über den Gesamtzustand der Kolonie auszutauschen. Es gibt unzählige chemische Botenstoffe, die zum Informationsaustausch zwischen Zellen genutzt werden, z.B. geben Bakterien die resistent gegen ein Antibiotikum sind, Pheromone ab, um dies anderen Bakterien mitzuteilen. Daraufhin kommt es zu einer Art „Verhandlung", bei der die Bakterien über Signalstoffe direkt miteinander kommunizieren. Ist die Kommunikation erfolgreich, bilden die Bakterien eine Plasmabrücke zwischeneinander aus, über die Plasmide mit Genabschnitten ausgetauscht werden können. Dieses Austauschen von „Kompetenzfaktoren" führt in der Praxis unter anderem zu einer Zunahme von antibiotikaresistenten Bakterienstämmen [2]. Bei dieser Verhandlung spielt vermutlich auch die neu entdeckte Kommunikation über elektrische Impulse eine Rolle [15].

All diese Kommunikationsmethoden legen den Schluss nahe, dass Bakterienkolonien den vielzelligen Lebewesen in Sachen Selbstorganisation durchaus in nichts nachstehen, denn eine derartige Arbeitsteilung und Koordination der Einzelzellen bei Koloniegrößen von einer Billion Bakterien ist kein leichtes Unterfangen. Dass Bakterien seit Milliarden von Jahren überaus erfolgreiche Lebensformen sind, zeigt eindrucksvoll wie brillant und effektiv diese Aufgabe gelöst worden sein muss. Je nach Verfügbarkeit von Nahrung, der Größe der Kolonie, dem Vorhandensein von Feinden, der Umgebungsbeschaffenheit und vielen weiteren Faktoren können Bakterien sich miteinander abstimmen, verschiedene Gene aktivieren, sich fortbewegen, Toxine bilden und eine ganze Reihe von Verhaltensanpassungsvorgängen einleiten. Doch das ist nur die Spitze des Eisbergs im Adoptions-Repertoire von Bakterien: Eine Reihe von Experimenten hat gezeigt, dass Kolonien, die neuartigen, überlebenskritischen Umweltbedingungen ausgesetzt sind, wie z.B. Antibiotika oder einem ungewohntem Nährboden, dazu in der Lage sind, ihr Genom zu verändern, um den neuen Anforderungen der Umwelt gewachsen zu sein [1] [2] [4]. Bereits 1984 führte Shapiro ein Experiment mit gentechnisch veränderten Bakterien durch [16]: Ein Gen dieser Bakterien war durch eine Deletion (ein Löschen von einem „Genbuchstaben") unbrauchbar gemacht worden, wodurch die Bakterien die ihnen zur Verfügung stehenden Nährstoffe nicht mehr verwenden konnten. Die Kolonie war im Stande zu verenden, doch nach zwei Tagen wuchs die Kolonie wieder, denn die Bakterien hatten es geschafft, korrigierende Mutationen zu bilden. Da eine so kurze Zeitspanne nicht annähernd lang genug ist, eine derart spezifische Veränderung im Genom durch eine zufällige Mutation entstehen zu lassen, ist die einzige logische Alternative, dass die Bakterien ihr Genom kreativ an die neuartigen äußeren Umstände angepasst haben. Wäre die Kolonie dazu auf eine zufällige Mutation angewiesen, um es ihr zu ermöglichen, den Nährboden wieder zu verdauen, hätte mit Sicherheit kein einziges Bakterium überlebt. Diese adaptive Evolution steht natürlich im krassen Gegensatz zur vorherrschenden Meinung, dass alle genetischen Variationen dem Zufall entsprungen sind und es stellt sich die Frage, wie Bakterien es schaffen die für einen adaptiven problemlösenden Prozess notwendige Rechenleistung aufzubringen.

Analog dazu kann man sich natürlich fragen, wie ein solcher Prozess im Nervensystem von vielzelligen Lebewesen abläuft: Ob es sich um die Entscheidung eines Vogels handelt, wo er sein Nest bauen soll, ein Pavian sich entscheidet ob es sich lohnt für seinen Rang im sozialen Gefüge zu kämpfen, oder ein Leben als „zweite Geige" zu führen, oder aber ein Ingenieur sich ein neues Konzept für den Antrieb eines Automobils überlegt. In jedem dieser Fälle müssen die Randbedingungen der neuen Situation erfasst und analysiert werden, um daraufhin kreative Verhaltensmuster zu entwickeln. Diese werden dann auf ihre

Tauglichkeit und Erfolgswahrscheinlichkeit untersucht und es kommt zu einer Entscheidung, welches Verhalten das wahrscheinlich Beste in dieser Situation ist. Im Gehirn erfolgt diese Verarbeitung von Daten nach heutigen Erkenntnissen überwiegend (ausschließlich?) mittels neuronaler Aktivierungsmuster [17]. Die genaue Funktionsweise ist dabei noch nicht vollständig verstanden, jedoch kann man es sich so vorstellen: Wenn z.b. ein urzeitlicher Vorfahre des Menschen in freier Wildbahn auf einen Tiger stößt, müssen zuallererst die Bilder, die die Netzhäute der Augen an das Gehirn liefern auf Muster analysiert werden. Diese Muster werden daraufhin ausgewertet um bekannte Objekte zu erkennen und zu bewerten. Wird dabei das Muster eines Tigers auf der Netzhaut mit „Raubtiererkennungsmustern" verglichen, diese könnten z.B. die Größe, die Form, den Abstand und andere Merkmale beinhalten, und es kommt zu vielen Übereinstimmungen bei gefährlichen Merkmalen (das Raubtier ist sehr groß, sehr nahe, hat große Zähne), dann führt dies zu einer Art Notfallsignal und es kommt zur Aktivierung von Flucht-oder-Kampf-Schaltkreisen im Gehirn. Wenn diese aktiviert werden, schütten sie Botenstoffe aus, die das Verhalten der Körperzellen massiv ändern, wie z.B. Adrenalin. Diese sollen den Organismus darauf vorbereiten sich einem Kampf zu stellen, oder zu fliehen. Dafür werden der Blutzucker und die Durchblutung der Muskeln erhöht, damit diese leistungsfähiger arbeiten können, während kurzfristig nicht überlebenswichtige Prozesse wie die Verdauung gehemmt werden. Im Gehirn wird analog Noradrenalin ausgeschüttet, dass dafür sorgt, dass Nervenzellen leichter erregbar sind, sodass die

Signalübertragung schneller geht und die Informationsverarbeitung effizienter abläuft. Der Körper und das Nervensystem sind nun in einen Zustand hoher Bereitschaft versetzt worden, doch es muss immer noch eine Entscheidung getroffen werden, wie man auf die Bedrohung reagiert. Das Gehirn erstellt dazu in kürzester Zeit kreativ eine große Anzahl von Aktionsmustern, deren Erfolgswahrscheinlichkeiten daraufhin eingeschätzt werden. Hat der Mensch zum Beispiel gerade einen Stein oder einen Speer in der Hand, könnte eingeschätzt werden, ob es sich lohnt zu kämpfen. Dazu könnten Erfahrungsmuster, wie z.B. dass ein Steinwurf in der Vergangenheit bereits eine Hyäne verschreckt hat, oder dass ein Speer nur dann ein größeres Tier töten kann, wenn er gut trifft, miteinbezogen und daraus wird der wahrscheinliche Erfolg dieser Taktik eingeschätzt. Ebenso werden Muster für die Flucht erstellt, jedoch können Tiger schneller rennen und ebenfalls sehr gut klettern, sodass diese ebenfalls keine besonders guten Erfolgswahrscheinlichkeiten versprechen. Permanent werden im Gehirn kreativ neue Muster entwickelt, wobei verschiedene Handlungsmuster kombiniert werden: So könnte z.B. der Wurf eines Steines (aggressives Verhalten) mit anschließender Flucht (passives Verhalten) kombiniert werden. Dieses Verhaltensmuster wird daraufhin analysiert und wenn es erfolgversprechend erscheint, wird die Handlung ausgeführt und es kommt wieder zu neuer Musterbildung, um die Handlung durchzuführen. Dazu wird u.a. das Gewicht und die Größe des Steines, sowie die Entfernung und Geschwindigkeit des Raubtiers miteinbezogen um daraus ein Muster für das motorische System im Gehirn abzuleiten. Dieses führt dann

Muskelaktivierungsmuster aus, sodass diese zur richtigen Zeit mit der richtigen Stärke aktiviert werden, sodass der Mensch den Stein möglichst zielgenau auf das Raubtier wirft und danach mit einer Flucht beginnt.

Obwohl nicht genau bekannt ist, wie diese Mustererzeugung und Verarbeitung im Gehirn im Detail funktioniert, ist offensichtlich, dass eine derartige Verschaltung und Kommunikation von einzelnen Nervenzellen miteinander zu höchst effizienter kreativer Problemlösung fähig ist. In Bakterienkolonien werden vermutlich ähnliche Prozesse zur Informationsverarbeitung genutzt. Dabei könnten die Mustererkennung, Verarbeitung und Erzeugung einerseits durch die Kommunikation der Zellen, andererseits durch Aktivierungsmuster des Genoms ablaufen. Ähnlich wie das Gehirn aus Mustern neuronaler Aktivierung Informationen über die Umwelt erfassen, extrahieren und verarbeiten kann, kann dies ebenfalls bei Bakterienkolonien durch die Kommunikation der Einzelzellen (ähnlich wie Neuronen) [15], oder aber über genetische Aktivierungsmuster geschehen.

Wahrscheinlich ist, dass es eine Mischung aus diesen beiden informationsverarbeitenden Mechanismen ist. Wird eine Bakterienkolonie auf einen für sie nicht verdaulichen Nährboden gesetzt, wird die Umgebung zuerst durch Rezeptoren an der Zelloberfläche wahrgenommen und analysiert. Ein Fehlen der üblichen Nährstoffe führt dann zur Deaktivierung von Genen die Verdauungsenzyme bilden, sowie zur Einstellung der Zellteilung um Energie zu sparen. Je nach Nährboden werden die Bakterien verschiedene Strategien verfolgen: Sind sie in der Lage, sich auf dem Nährboden fortzubewegen, werden bewegliche

Zellen gebildet, die für die Nahrungssuche ausschwärmen. Ist dies nicht der Fall, wird dieses Handlungsmuster verworfen und die Bakterien bleiben erstmal an ihrem Platz. Wie im bereits erwähnten Experiment von Shapiro kommt es jedoch nach einer gewissen Zeit zur gezielten Bildung von Mutationen, die es den Bakterien ermöglichen, den für sie neuen Nährboden zu verdauen. Ben-Jacob et. al. schlossen daraus, dass die Bakterien zwei Tage Zeit benötigen um das Problem zu identifizieren und eine Lösung zu finden [2]. Dafür spricht auch ein anderes Experiment von Hall, bei dem die Bakterien zwei Mutationen benötigen, um auf dem Nährboden überleben zu können und damit die Problemlösung eine Stufe komplizierter war. Zur Bildung der erforderlichen Mutationen benötigten die Bakterien nun doppelt so lange, was auf eine doppelt so lange „Entwicklungszeit" schließen lässt [18] [19].

Doch wie kann solch ein adaptiver Prozess funktionieren?

IV. Superorganismen als Evolutionstreiber

Obwohl bekannt ist, dass Bakterien als Antwort auf sich verändernde Umweltbedingungen adaptive genetische Mutationen erzeugen, ist der genaue Ablauf davon bis jetzt nicht aufgeklärt worden. Wie kommt es also von veränderten Umweltbedingungen, über Informationsverarbeitung durch Musterbildung der Einzelzellen, zu Veränderungen im Genompool der Kolonie? Diese Frage lässt sich momentan ebenso wenig abschließend beantworten wie die Frage, wie ein Mensch von einer Idee zu einer Handlung kommt. Dennoch sind wichtige Teilschritte bekannt, wie beim Menschen z.b. die Informationsaufnahme und Verarbeitung durch Mustererzeugung- und -verarbeitung zwischen den Nervenzellen zu einer Veränderung der Körperchemie und zum Ausführen der Handlung durch Muskeln. Dies ist bei Bakterien vermutlich ein ähnlich ablaufender Prozess, nur dass eine Bakterienkolonie gezwungenermaßen andere Instrumente anstelle von Muskeln nutzt, um sich an ihre Umwelt anzupassen, bzw. Einfluss auf sie zu nehmen. Bereits angesprochen wurden die Existenz von Werkzeugen zur genetischen Selbstveränderung, den Transposonen, und die Bildung von genetischen Aktivierungsmustern. Doch wie hängen diese zusammen? Dazu muss man sich die gesamte Wirkungskette bei der Entstehung von adaptiven Mutationen vor Augen führen: Die Bakterienkolonie ist einer veränderten Umwelt ausgesetzt, in der sie mit ihrer momentan vorhandenen genetischen Ausstattung nicht überleben kann. Diese Umwelt wird durch Rezeptoren an der Zellaußenwand registriert, wodurch in der Zelle Stoffe gebildet werden, die bereits vorhandene Gene abschalten, z.B. die für Wachstum und Zellteilung. Dies sind jedoch nur epigenetische Anpassungen, die reversibel sind und der kurzfristigen Anpassung dienen. Parallel dazu kommunizieren die Bakterien mit chemischen Signalstoffen, sowie elektrischen Impulsen, miteinander und bilden dadurch Verarbeitungsmuster, ähnlich den Nervenzellen im Gehirn beim Menschen. Wie kommt es jedoch ausgehend von der Kommunikation zur Aktivierung der Transpositonselemente? Da eine ungehemmte Aktivität bei Transpositionselementen das Genom andauernd stark verändern würde, sind Mechanismen nötig, die sie streng regulieren. Dazu gibt es eine ganze Reihe von verschiedenen Möglichkeiten, die es der Zelle ermöglichen, die Transposonenaktivität zu beeinflussen, z.B. durch veränderte Enzymaktivität, Ableseraten, sowie durch Moleküle, wie z.B. bei Mehrzellern microRNA oder piRNA [20] [21].

Das sind kurze RNA-Ketten die nur wenige Dutzend Basen lang sind. Aufgrund ihrer relativen Kürze wurde lange Zeit angenommen, dass sie keine besonders wichtigen Aufgaben in der Zelle übernehmen können, doch mit der Zeit mehrten sich die Erkenntnisse, dass sie ganz im Gegenteil, eine außerordentlich wichtige Rolle spielen: Sie sorgen u.a. für die genetische Stabilität der Zelle, indem sie die Transposonen hemmen [1]. Bei Bakterien wurde diese Art der Aktivitätsregulierung noch nicht erforscht, doch es gibt dort mit Sicherheit ähnlich ausgeklügelte Mechanismen für die gezielte Hemmung der Transpositionselemente. Die spezialisierten Moleküle sorgen dadurch dafür, dass die Transposonen das Genom in der Regel nicht verändern können, sodass die Zelle sich bei konstanten Umweltbedingungen auf ihr vorhandenes genetisches Repertoire verlassen kann. Kommt es jedoch zu lebensbedrohlichen Veränderungen der Umwelt, wird diese Kontrolle plötzlich aufgehoben und die Transposonen werden aktiviert, wodurch diese das Genom verändern können. Dabei kommt es jedoch nicht zu zufälligen Veränderungen im gesamten Genom, sondern nur in speziell ausgesuchten, für eine Anpassung nötigen, Bereichen [1]. Das heißt, die Zelle gibt die Kontrolle über die Transposonen nicht auf, sie reguliert sie nur, um die Transposonen das Genom gezielt verändern zu lassen. Das mag sich für viele Anhänger der darwinistischen Position unglaubwürdig anhören, doch jahrzehntelange Forschung belegt genau diesen Effekt. Eine derartige Kontrolle über das lokalisierte Auftreten von Mutationen ist für einen (Super-)Organismus essentiell, denn die genetischen Bereiche, die immer noch für das Überleben ausreichend und notwendig sind, dürfen nicht verändert werden. Dass dies problemlos gelingt, zeigt Shapiros Experiment: Ansonsten wäre es bei den dabei untersuchten Bakterien zu Veränderungen in vielen oder allen Bereichen der DNA gekommen. Stattdessen wurden nur die zum Überleben wichtigen Bereiche verändert, während die nicht verbesserungsbedürftigen Bereiche von den Veränderungen der Transposonen ausgenommen waren. Obwohl der Mechanismus kaum erforscht wurde, ist naheliegend, dass die Kommunikation der Bakterien miteinander zu einer Musterbildung, ähnlich der von Nervenzellen führt [15]. Diese Muster werden evaluiert und wenn ein Muster erzeugt wird, dass eine überlebenssichernde genetische Veränderung erzeugen kann, könnte dies zu einem Übersetzen in spezielle Moleküle führen, die gemeinsam die gezielte Aktivierung der Transposonen orchestrieren. Das heißt, diese Mechanismen heben nicht nur die Hemmung der Transpositionselemente auf, sie regulieren ihre Aktivität so, dass die Transposonen an der richtigen Stelle im Genom, den richtigen Bearbeitungsvorgang durchführen. Auch wenn der Prozess im Einzelnen wahrscheinlich um einige Größenordnungen komplizierter ist, dürfte sich die Bearbeitung von genetischen Texten vereinfacht in etwa so abspielen. Es gibt noch andere Faktoren, die die Veränderung des Genoms beeinflussen können, so wie etwa Viren, oder der Einbau von genetischen Bausteinen anderer Bakterien, die in Form von Plasmiden empfangen worden sind. Doch bei der selbstgesteuerten Anpassung des Genoms eines Organismus an lebensbedrohliche Umwelteinflüsse dürfte der microRNA-Transpositionselement-Pfad einer der wichtigsten sein. Das heißt natürlich nicht, dass der „Gendiebstahl" etwa von Parasiten wie dem Neunauge, der seinem Wirt über die Jahre z.B. ein Transpositionselement gestohlen hat [22], oder aber von Viren, die im Stande sind, Gene aus Blauwalen zu entnehmen und diese bei Affen einzupflanzen [1], nicht auch wichtig für den Genaustausch insbesondere zwischen höheren Organismen sind. Der horizontale Gentransfer, d.h. zwischen verschiedenen Zellen/Organismen/Spezies etc. und nicht nur an Nachkommen, ist dabei bei Bakterien noch wesentlich stärker verbreitet als bei höheren Spezies. Dafür nutzen Bakterien den bereits erwähnten Plasmidaustausch, bei dem eine Art Plasmatunnel zwischen zwei Bakterien aufgebaut wird, durch den Genabschnitte in Form von Plasmiden ausgetauscht werden können. Daher wäre es auch möglich, dass eine Kolonie mit Genomveränderungen experimentieren kann: Nur ein ausgewähltes Bakterium wird mit Transposonen-enthemmenden Signalen „bombardiert", sodass diese das Genom verändern können und falls dies den gewünschten Erfolg bringt, d.h. es kann wieder Nahrung verdaut werden, kann dieser Genabschnitt durch Plasmidaustausch an den Rest der Kolonie übertragen werden. Doch auf diesem Gebiet gibt es aufgrund der vorherrschenden Meinung, dass zufällige Mutationen der treibende Evolutionsmotor schlechthin sind, leider kaum Forschung, aber es bleibt zu hoffen, dass sich das in Zukunft ändern wird. Wie es in der Regel üblich ist, dürften die Entdeckungen eine weit komplexere Wirklichkeit offenlegen und mehr neue Fragen aufwerfen, als beantworten.

Doch wenn man Bakterienkolonien eine ähnliche Datenverarbeitung wie z.b. im menschlichen Gehirn unterstellt, und dies scheint tatsächlich der Fall zu sein [15], dann könnte man noch einige weitere interessante Schlüsse ziehen. Allem Anschein nach sind die Bakterien dazu in der Lage, komplexe Sachverhalte zu erkennen und noch komplexere Veränderungen an ihrem Genom vorzunehmen. An dieser Aufgabe hat der der Mensch sich bereits im kleinen Maßstab versucht, z.B. beim Einpflanzen von Resistenzgenen in Nutzpflanzen, doch aufgrund der Gesamtkomplexität des Genoms sind bis jetzt alle Forschergruppen an komplizierteren Veränderungen gescheitert. Bakterienkolonien führen diese mit relativer Leichtigkeit durch. Daraus könnte man natürlich ableiten, dass offensichtlich eine ungeheure Rechenleistung aufgebracht werden muss, um in einem Genom sinnvolle

Veränderungen durchzuführen, ohne die Gesamtfunktion zu beeinträchtigen. Doch damit nicht genug, denn im Gehirn des Menschen gelingt den miteinander kommunizierenden und dadurch Informationen verarbeitenden Nervenzellen ein bis heute unbegreifbares Kunststück: Die Erzeugung eines Bewusstseins. In Anbetracht ihrer unglaublichen kreativen Anpassungsfähigkeit liegt es nahe, dass Bakterienkolonien ebenfalls dazu in der Lage sind, ein zumindest ähnliches Bewusstsein zu entwickeln [2]. Dies mag für eine Vielzahl von Wissenschaftlern schwer anzuerkennen sein, genauso wie es vor einigen Jahrzehnten noch nicht anerkannt wurde, dass Tiere ein dem Menschen ähnliches Bewusstsein empfinden können. Da dürfte es vielen schwer fallen, etwas so abstraktem und unscheinbaren wie einer Bakterienkolonie ein Bewusstsein zuzuschreiben. Dass der Begriff des Bewusstseins extrem schwer zu definieren ist, erschwert eine Anwendung auf „unkonventionelle" Lebensformen. In den Naturwissenschaften und der Philosophie wird ein Bewusstsein in der Regel als etwas bezeichnet, dass „die Umwelt erlebend wahrnimmt", „Gedanken hat", oder noch abstrakter „belebt ist". Doch alle diese Definitionen können nicht den Kern eines Bewusstseins erfassen, was verwundern mag, da jeder Mensch eigentlich sein eigenes Bewusstsein im Wachzustand permanent erlebt. Möglicherweise ist die Intelligenz des Menschen noch nicht ausreichend, um die Essenz eines Bewusstseins erfassen zu können, weswegen man momentan nur darauf beschränkt ist, dessen Eigenschaften zu beschreiben. Das macht es jedoch sehr schwierig bei anderen Lebensformen ein Bewusstsein objektiv festzustellen.

Eine tauglichere Eigenschaft zur Feststellung eines Bewusstseins wäre möglicherweise das Vorhandenseins eines intrinsischen Willens: Nur ein Bewusstsein kann etwas wollen. Man kann einen Computer darauf programmieren, Rechenschritte durchzuführen um sich am Leben zu erhalten, doch nur eine Lebensform mit Bewusstsein hat einen wirklichen Überlebenswillen. Dies ist möglicherweise auch der entscheidende Vorteil eines Lebewesens mit Bewusstsein gegenüber dem ohne Bewusstsein: Eine entsprechende Motivation zu Überleben und sich Fortzupflanzen könnte die Chancen dafür drastisch steigern. Anderenfalls wäre ein derartiger Aufwand zur Bewusstseinserzeugung nicht erklärbar. Doch Bakterienkolonien haben ebenfalls die entsprechenden Voraussetzungen dafür ein Bewusstsein zu haben: Sie wollen ebenfalls um jeden Preis überleben. Anders kann man die kreativen Meisterleistungen in genetischer Ingenieurskunst von Bakterien nicht erklären. Sie verhalten sich dabei nicht wie ein Computer, der anhand seiner Programmanweisung Problemlösungen berechnet, sondern mehr wie das Gehirn, das mit paradoxen Situationen umgehen muss. Ben-Jacob prägte den Begriff des Paradoxes für das Auftreten neuer, unerwarteter (reaktionsbedürftiger) Situationen, während er den Begriff des Problems für bereits bekannte Situationen nutzt [2]. Im Falle der genetischen Anpassung, wäre ein Problem z.B. eine ungewohnt hohe UV Strahlung, wenn ein eigentlich im Norden lebender Mensch im Urlaub plötzlich tropischer Sonne ausgesetzt ist: Das Problem der UV Strahlung ist bekannt und hat bereits eine genetische Lösung: Die Hautzellen müssen „nur" noch die Gene für die Produktion von Melanin aktivieren und dieses in die Haut einbauen, um „Braun zu werden", sodass die empfindlichen Zellkerne in der Haut vor der Strahlung geschützt werden. Ein Paradox hingegen erlebten die Körper der ersten Menschen die aus Afrika auswanderten und sich in nördlicheren Gebieten ansiedelten, denn sie hatten noch keinen Mechanismus für die Regulierung der Hautfarbe entwickelt: Aufgrund ihrer permanent schwarzen Haut konnte nicht genug Sonnenstrahlung in tiefere Schichten der Haut eindringen, obwohl dies für die Bildung von Vitamin D essentiell ist. Auf Dauer führt dies zu einem Mangel an Vitamin D was u.a. die Knochenbildung beeinträchtig. Diese paradoxe Situation, für die es keinen „Musterplan" gab, musste kreativ gelöst werden und so kam es zu einer genetischen Anpassung, die eine Regulierung des Melaningehaltes in der Haut ermöglichte.

Eine Betrachtungsweise der Natur, die bereits Bakterien ein Bewusstsein zuspricht, hat natürlich weitreichende Konsequenzen, ebenso wie eine Evolutionstheorie die darauf basiert, dass Einzelzellen eines Superorganismus durch Kommunikation miteinander Informationen verarbeiten und dadurch adaptive Mutationen entwickeln können. Aus der Verknüpfung dieser Hypothesen könnte man eine Spezies ebenfalls als einen Superorganismus ansehen. In dem Fall wäre z.B. ein einzelner Mensch eine Teilzelle in dem Superorganismus der Menschheit. Die Kommunikation der Zellen miteinander kann dabei über flüchtige Stoffe (Pheromone), genetische Rekombination und andere Signalmoleküle durchgeführt werden, die jeweils zu veränderten Genaktivierungsmustern und damit zu einem anderen Output führen. Eine solche Betrachtungsweise kann ebenfalls einige evolutionäre Beobachtungen erklären, z.B.

wie neue Spezies inmitten ihrer genetisch-statischen Artgenossen entstanden, wie es oft der Fall war (und nicht durch örtliche Abgrenzung wie Darwins Theorie postuliert) [1]. Teilbereiche einer Spezies könnten aufgrund veränderter Umweltbedingungen in einen „Genveränderungsmodus" übergegangen sein, bei dem durch die veränderten Genaktivierungsmuster spezielle microRNA gebildet wurde, die eine gezielte Genveränderung hervorruft. Würde diese microRNA nur für eine begrenzte Zeit gebildet, wäre die örtliche Reichweite begrenzt, sodass verschiedene Teilgruppen einer Spezies innerhalb relativ „kurzer" Zeit in relativer Nähe plötzlich verschiedenen Arten angehören, da die eine Population sich „schlagartig" weiterentwickelt hat. Bis eine solche Entwicklung eintreten kann, vergeht jedoch einige Zeit, denn im Vergleich zu Bakterien ist das Genom bei vielzelligen Lebewesen um einige Größenordnungen komplexer, was natürlich zu einer verlängerten „Lösungsberechnungszeit" führen würde. Des Weiteren wären bei einem solchen Superorganismus die Wege zwischen den Einzelzellen recht lang und die Kommunikation sehr langsam. Im Vergleich zum Bewusstsein das im menschlichen Gehirn erzeugt wird, wo eine Nervenzelle 2000 Signale pro Sekunde absenden kann und die Kommunikation der Zellen dadurch sehr schnell große Mengen Informationen erfassen, integrieren und verarbeiten kann, hätte ein Superorganismus, dessen „Nervenzellen" einzelne Lebewesen sind, ein vergleichsweise „langsames" Bewusstsein. Natürlich kann dies beschleunigt werden, wenn die Körperzellen eines Lebewesens bereits Informationen „vorverarbeiten", z.B. in Form von Genaktivierungsmustern und daraus gebildeter microRNA, die dann mit anderen Lebewesen ausgetauscht werden kann. Dass dies möglich ist, zeigten bereits Forschungen, bei der die Auswirkungen der aufgenommenen Nahrung auf Genaktivierungsmuster im Menschen untersucht wurden: Dabei verwunderte es Wissenschaftler, dass eine Aufnahme von Reis den Cholesterinspiegel erhöht hatte. Eine genauere Untersuchung ergab, dass dies nicht aufgrund des in Reis enthaltenen Cholesterins passierte, sondern die in Reis enthaltene microRNA des Ablesens des Gens für Cholesterinrezeptoren an Zellaußenwänden behinderte. Dadurch wurden weniger Rezeptoren in den Zellaußenwänden eingebaut, die Cholesterin aus dem Blut filtern, und der Cholesterinspiegel stieg. Dies wiedersprach jedoch den Erwartungen, denn die aus Ribonukleinsäuren bestehende microRNA hätte im Magen abgebaut werden sollen. Es zeigte sich, dass sich die microRNA Schnipsel in unverdaulichen Blasen befanden, die einfach durch die Magenschleimhaut hindurchdiffundierten, sich durch den Blutkreislauf bewegten und es sogar schafften, im Zellkern Gene zu de- oder aktivieren [23]. Dieser Mechanismus könnte einer der grundlegenden Mechanismen für die Kommunikation von Superorganismen sein, denn ein Austausch von microRNA Bläschen könnte bereits durch eine Berührung durch Diffusion über die Haut oder eventuell sogar über die Luft vonstattengehen. Dies wäre immer noch ein relativ langsamer Prozess, was zumindest erklären würde, wieso Evolutionssprünge bei komplexen Vielzellern immer mit einer Latenz von einigen tausend bis Millionen Jahren nach einer massiven Umweltveränderung auftreten.

Doch sollten derartige biologische Superorganismen wirklich existieren, hätte dies noch wesentlich weitreichendere Konsequenzen für die Menschheit als nur ein neues Evolutionsverständnis.

V. Ein globaler Superorganismus

Wenn es solche biologischen Superorganismen im Kleinen gibt, beispielsweise in Form von Bakterienkolonien, dann liegt der Schluss nahe, dass es sie auch im Großen gibt. Einerseits kann man Spezies als gegeneinander konkurrierende und „wettrüstende" Organismen ansehen, doch führt andererseits eine umfassendere Betrachtung der Entwicklung des Lebens über die Erdgeschichte hinweg zu einer noch weitreichenderen Hypothese: Da alle heutigen biologischen Zellen auf der Erde einen gemeinsamen Vorfahren haben, der als LUCA (Last Universal Common Ancestor) bezeichnet wird, ist es möglich, dass die gesamte Biosphäre einen gigantischen biologischen Superorganismus bildet. Dafür spricht natürlich ebenfalls die relative Ähnlichkeit verschiedenster heutiger Lebewesen zueinander: Die genetische Sprache ist universell, jede Zelle basiert auf DNA/RNA-Genomen, die sich, z.B. über microRNA gegenseitig beeinflussen können. Dies wäre ein geeigneter Weg, der es den Zellen des Superorganismus ermöglicht, miteinander zu kommunizieren und Informationen zu verarbeiten. Bei Bakterienzellen, die den Großteil der biologischen Zellen auf der Erde ausmachen, die keine microRNA bilden, gibt es einen alternativen, direkteren und effizienteren Weg Informationen auszutauschen: Über Plasmidbrücken durch die Genabschnitte ausgetauscht werden. Die Tatsache, dass alle biologischen Zellen miteinander interagieren, bzw. kommunizieren, wie z.B. die Veränderung der Genaktivierungsmuster im Menschen durch das Verzehren von Reis, spricht ebenfalls für einen globalen Superorganismus.

Zieht man bei der Betrachtung einiger ungelöster Fragen zu Geschehnissen in der Evolutionsgeschichte den Aspekt eines globalen Superorganismus in Betracht, dann sind entsprechende Antworten plötzlich nicht mehr schwer zu finden. Die kambrische Explosion beispielsweise, die vor ca. 550 Millionen stattfand und den Startpunkt für das vielzellige Leben wie wir es heute kennen bildet, war lange ein unerklärliches Mysterium. Es gab vor diesem „Zeitpunkt" praktisch keine vielzelligen Lebewesen. Doch innerhalb von 5-10 Millionen Jahren, was evolutionär betrachtet eine relativ kurze Zeitspanne ist, entstanden alle Vorfahren der heutigen vielzelligen Lebewesen. Dieses schlagartige Auftreten von völlig neuen Arten, deren Vielzelligkeit noch dazu einen extremen Komplexitätszuwachs bedeutet, konnte mit bisherigen Evolutionstheorien nicht erklärt werden [1]. Doch anstatt die Richtigkeit der existierenden Theorien anzuzweifeln, wie es ein Standardvorgehen in der Wissenschaft sein sollte, wenn eine Theorie die Wirklichkeit nicht zu beschreiben vermag, wurde die Kambrische Explosion als Singularität deklariert. Doch ein solches Vorgehen ist höchst unwissenschaftlich. Wie hätte sich die moderne Physik entwickelt, wenn man die absolute Konstanz der Lichtgeschwindigkeit als Singularität deklariert hätte und sich keine Gedanken darüber gemacht hätte, was das für Newtons Theorie der Mechanik bedeutet? Glücklicherweise hat Einstein aus dieser nicht erklärbaren Beobachtung den Schluss gezogen, dass Newtons Theorie ungenau ist und erweitert werden muss. Als Folge daraus entstand die Relativitätstheorie, die eine präzisere Beschreibung der Welt ermöglichte.

Ein solches Vorgehen ist bei der Erklärung der kambrischen Explosion ebenfalls angebracht. Betrachtet man geologische Ereignisse, die ihr vorausgehen, wird deutlich, dass diese „Explosion der Artenvielfalt" keineswegs ein zufälliges, nicht erklärbares Ereignis war. Aus bisher nicht geklärten Gründen kam es zu drei sehr schweren Erdvereisungen, die die Erde jeweils für einige Millionen Jahre in einen Schneeball verwandelten. Selbst die Ozeane froren zu, sodass das Leben unter einer einige Meter dicken Eisschicht „überwintern" musste [1].

„Relativ" kurz nach der mittleren Vereisung, die als Marinoan Glaciation bezeichnet wird und eine der schlimmsten Erdvereisungen war, kam es zum Auftreten der ersten mehrzelligen Lebewesen. Diese waren jedoch ausschließlich formlose Schwämme, d.h. ohne jegliche Symmetrie wachsende Mehrzeller. Zu einem weitaus größeren Evolutionssprung kam es nach der „kurz" darauf folgenden dritten Vereisung: Es kam zum Auftreten der ersten radialsymmetrischen Vielzeller, was einen bemerkenswerten Komplexitätszuwachs bedeutet. Es muss ein sehr komplexer Entwicklungsprozess ablaufen, um aus einer einzelnen Zelle ein vergleichsweiße großes Lebewesen mit einem komplizierten Körperbauplan wachsen zu lassen. Dies erfordert eine genaue Abstimmung der Zellteilung, sowie der Zelldifferenzierung, d.h. jede Zelle der Milliarden Zellen muss sich zur richtigen Zeit, am richtigen Ort zum richtigen Zelltyp entwickeln. Diese Mammutaufgabe wurde durch die sogenannten Homeobox-Gene, kurz Hox-Gene koordiniert [1]. Dieser Gen-Komplex wird beim Wachstum des Lebewesens der Reihe nach an- und abgeschaltet, wodurch als Folge im Genom verschiedene Gene an oder abgeschaltet werden, die die Entwicklung und Ausdifferenzierung der Zelle beeinflussen.

Bei der Entwicklung der Schwämme entstand zum ersten Mal ein sogenanntes Proto-Hox-Gen, was dafür sorgte, dass die sich teilenden Zellen einen zusammenhängenden, vielzelligen Superorganismus bilden. Bei dem Evolutionssprung zu radialsymmetrischen Mehrzellern wurde dieser Genkomplex verdoppelt und verändert, sodass als Folge ein komplexeres Hox-Gen-System dazu in der Lage war, komplexere Lebewesen bilden zu können [24]. Dies war jedoch nicht der letzte große Evolutionssprung der kambrischen Explosion, denn nur wenige Millionen Jahre später kam es erneut zu einer, teilweise mehrfachen, Verdopplung und Veränderung des Hox-Gen-Komplexes, woraus als Folge alle Vorgängerarten der heutigen Lebewesen praktisch gleichzeitig entstanden: Nämlich die Vielzeller mit einer Längs und Querachse, d.h. oben und unten, links und rechts [1].

Diese Methoden der Genomveränderung, nämlich kopieren, einfügen und verändern, sind Aufgaben der Transpositionselemente. Doch um innerhalb dieser „kurzen Zeit" derart komplexe Lebewesen hervorbringen zu können, müssen diese genau gesteuert worden sein. Bemerkenswert ist, dass selbst die damals entstandenen Lebewesen sich „kaum" von den heutigen Lebewesen unterschieden: Der Körperbauplan war im Grunde sehr ähnlich, es gab Nervensysteme, Blutkreisläufe, Muskeln etc., d.h. im Grunde all die wichtigen Zelltypen/Organe, die die heutigen Lebewesen ausmachten. Ernst Mayr formulierte einen

Vergleich zwischen heutigen Lebewesen und ihren Vorgängern so: „Die meisten Unterschiede sind nichts weiter als Verschiebungen der Proportionen, Verschmelzungen, Verluste, sekundäre Duplikationen und ähnliche Veränderungen, die alle nicht das betreffen, was ein Morphologe den „Plan" des jeweiligen Exemplars nennen würde." [1],[Mayr 1960].

Doch wie kommt es, dass praktisch alle Vorgängerarten der heutigen vielzelligen Lebewesen innerhalb von wenigen Millionen Jahren entstanden, nachdem es mehrere Milliarden Jahre praktisch nur einzellige Organismen gab?

Die Hypothese eines globalen Superorganismus würde die Abläufe der kambrischen Explosion erklären: Ein derartiger die Welt umspannender Organismus wäre von einer Vereisung der Erde extrem stark betroffen, sodass sein Überleben gefährdet ist. Eventuell kam einem solchen Bewusstsein die Einsicht, dass es außerhalb der Erde unbeeinflussbare Elemente gibt, die das Leben an sich gefährden, wie z.B. Meteoriteneinschläge, Gammablitze etc. Die logischen Konsequenzen, die ein solches Lebewesen daraus ziehen könnte, wären, dass makroskopische Lebewesen einerseits widrigeren Lebensumständen wie Kälte oder Nahrungsknappheit trotzen könnten und gleichzeitig einen Weg finden könnten die Erde zu ihren Gunsten zu verändern, oder andererseits als letzte Konsequenz das Leben von der Erde auf andere Planeten zu übertragen könnten. Ein globaler Superorganismus kann dazu in der Lage sein, die extrem komplexen Körperbaupläne von Lebewesen zu entwerfen. Diese Aufgabe ist an Komplexität kaum zu übertreffen, denn Billionen von Zellen müssen miteinander kommunizieren, interagieren, Informationen verarbeiten und die richtigen Gene an oder abschalten, um ein Überleben des Gesamtorganismus zu gewährleisten.

Doch mit der Erschaffung der vielzelligen Lebewesen ist das Fortbestehen des Lebens auf der Erde nicht gewährleistet, denn es kann immer zu neuen Umweltveränderungen kommen, an die sich die Lebewesen anpassen müssen. Des Weiteren sind die ersten Lebewesen kaum in der Lage gewesen, ihre Umwelt zu beeinflussen, oder gar das Leben auf andere Planeten zu bringen. Doch der globale Superorganismus hat ein geniales System geschaffen, dass die stetige Weiterentwicklung der Anpassungsfähigkeit und Komplexität der Lebewesen gewährleistet: Es wurden viele „niedere" Sub-Superorganismen in Form von verschiedenen Arten/Spezies erschaffen, die miteinander konkurrieren. Dadurch dass diese Spezies-Superorganismen in direktem Wettbewerb um Ressourcen und Lebensraum miteinander, bzw. in einem Raubtier – Beute Verhältnis zueinander stehen, sind sie gezwungen sich immer weiter zu entwickeln um der Konkurrenz jeweils einen Schritt voraus zu sein. Da die Spezies in einer Art natürlichen turbokapitalistischen System leben, kommt es zu extremer Konkurrenz und als Folge zu einer hohen Innovationsgeschwindigkeit. Natürlich stellen sich dabei irgendwann Gleichgewichte ein, sodass funktionierende Ökosysteme entstehen, doch es kommt immer weiter zu kleineren Innovationen durch das Wettrüsten der Arten.

Kommt es jedoch zu einer massiven Umweltveränderung, z.B. zu einen Klimawandel oder einen Meteoriteneinschlag, wodurch ein Großteil der Lebewesen stirbt, sind die Spezies-Superorganismen gezwungen, massive Innovationen im Genom durchzuführen um weiterhin fortzubestehen.

Als Folge wird jedoch nicht nur eine neue Art gebildet, sondern direkt eine ganze Reihe von neuen Arten, die verschiedene Lebensräume, Nahrungsnischen etc. ausfüllen können. Dies ist vergleichbar zu den Wirtschaftssystemen der Menschen: Niemand kann genau vorhersagen, welches Produkt erfolgreich sein wird. Bei einigen Produkten ist die Wahrscheinlichkeit höher als bei anderen, doch die Zukunft ist nicht vorhersehbar. Doch da es immer eine ganze Reihe von neuen Produkten in verschiedenen Variationen gibt, können die Kunden die Geräte kaufen, die ihren Bedürfnissen am besten entsprechen, oder neue Bedürfnisse gleichzeitig schaffen und erfüllen.

Durch die Konkurrenz verschiedener Unternehmen, wie z.B. bei Apple und Google Smartphones, kommt es zu technischem Fortschritt, da jede Firma der anderen einen Schritt voraus sein möchte. Als Resultat profitiert die Menschheit von technisch ausgefeilteren Geräten. Natürlich gibt es auch destruktive Konkurrenz, wenn es z.B. durch Kriege zu extremsten Konkurrenzsituationen kommt. Als Folge kommt es zu Wettrüsten mit immer ausgefeilteren Waffen und Informationssystemen, doch der Schaden steht oft in keinem Verhältnis zum gewonnenen technischen Fortschritt. So wurde einerseits durch den Kalten Krieg die Raumfahrt vorangetrieben, andererseits hätte der Einsatz von Atomwaffen die gesamte Menschheit auslöschen können. Solche extremen Konkurrenzsituationen kommen in der Natur aufgrund ihrer destruktiven Auswirkungen eher selten vor, denn sie kann zu einer Auslöschung der beteiligten Parteien kommen. In der Regel entwickeln sich einzelne Spezies daher nicht schlagartig zu extrem weiter, da eine zu ausgefeilte Weiterentwicklung die benötigten

Beutetiere ausrotten könnte. Eine Ausnahme ist dabei zum Beispiel der Mensch, der aufgrund seines herausragenden Intelligenzsprunges jegliche Beute erlegen konnte und daher durch sein Bevölkerungswachstum und seine schnelle Ausbreitung fast alle großen Säugetierarten bis zur Ausrottung jagen konnte. Wenn die jeweilige Beutespezies nicht ausgerottet wird, so erzwingt ein solcher Innovationssprung eine extreme Antwort. Als Folge könnte es bei der Beutespezies unter dem hohen Innovationsdruck zu starken Weiterentwicklungen kommen, sodass es möglicherweise „zu stark" für das jeweilige Raubtier wird.

Ein Trend zu einer extrem gesteigerten Innovationsdichte lässt sich insbesondere nach Massenaussterbeereignissen feststellen. Dabei unterscheiden sich die Prinzipien bei der Anpassung von Spezies nicht von denen bei der Anpassung von Bakterien, wie beispielsweise in Shapiros Experiment: Die Bakterien sind einer überlebensfeindlichen Umwelt ausgesetzt, die sie mit ihrem jetzigen genetischen Repertoire nicht meistern können. Nach einer Latenzzeit kommt es zur Bildung von adaptiven Mutationen, die das Überleben wieder ermöglichen. Diese Latenzzeit hängt dabei direkt von der Komplexität der erforderlichen Mutationen ab. So mag es nicht verwundern, dass die Entstehung neuer Arten nach einem Aussterbeereignis erst nach einigen Millionen Jahren eintritt, da die Komplexität der erforderlichen Genveränderungen zum Überleben bei „modernen" vielzelligen Organismen etliche Größenordnungen über der von den Bakterien in Shapiros Experiment liegt, die nur einen einzigen Genbuchstaben verändern mussten [16], um zu überleben.

Von Darwinisten wird oft behauptet, dass die Evolution kein höheres Ziel verfolge, sondern nur durch den Zufall in beliebige Richtungen „gelenkt" würde. Gemäß der Superorganismus-Hypothese würde die Evolution aber ganz im Gegenteil einem höheren Sinn unterliegen: Sie ist zwar nicht direkt „gerichtet", aber das Ziel ist es, dass immer „bessere", d.h. effizientere, anpassungsfähigere oder intelligentere Lebewesen entstehen, die das Leben auf der Erde auch nach schwerwiegenden Katastrophen bewahren können. Dies dient unter anderem dem Selbstzweck des globalen Superorganismus, denn ein Bewusstsein „will" nun mal überleben. Das Auftreten einer Spezies wie des Menschen kann dabei als „Ziel" der Evolution angesehen werden, denn der Mensch ist aufgrund seiner herausragenden Intelligenz dazu in der Lage, seine Umwelt aktiv zu beobachten, analysieren und auch zu beeinflussen (im Guten wie im Schlechten). Doch die Menschheit ist potenziell mehr als nur eine „neue besser angepasste Spezies", denn aufgrund seiner Neugier, Intelligenz und seines extremen Expansionsdranges ist er langfristig dazu in der Lage das Leben auf andere Planeten, auch außerhalb des Sonnensystems, zu bringen und dadurch für potentiell weitere Milliarden Jahre zu erhalten. Dies würde auch die starke Neigung, den Weltraum zu erforschen und interplanetare Reisen durchführen zu wollen, erklären. Diese Neigung macht sich auch an dem hohen Aufwand für Raumfahrt, sowie der Behandlung von Weltraumthemen in der Kultur bemerkbar: Es wird wesentlich mehr Zeit und Energie auf die Erforschung von Sonnensystem, Milchstraße und der Suche nach Exoplaneten auf denen Leben möglich ist verwendet, als z.B. für die Tiefseeforschung. Die hohe

Faszination von Büchern, Spielfilmen und Dokumentationen über Weltraumreisen und extraterrestrische Lebensformen spiegeln diesen Trend ebenfalls wieder, der auch aus dem Drang des Superorganismus ums langfristige Überleben entstehen konnte.

Doch einer der wichtigsten Gründe, der für die Existenz eines globalen Superorganismus spricht, ist die genetische Komponente von „Glauben". Wissenschaftler haben in Studien einen Hinweis darauf gefunden, dass es eine genetische Basis für „den Glauben" gibt [25]. Dies hat Wissenschaftler bis heute verwundert, da ein solcher „Glaubensinstinkt" keine direkten Vorteile bringt. Natürlich wird es einen gewissen Vorteil für die Bildung eines Gemeinschaftsgefühles gehabt haben, wenn ein Stamm Rituale einer gemeinsamen Glaubensrichtung ausübt. Doch wie man in der heutigen Zeit sieht, können fast alle klassischen Funktionen von Religionen in der Zivilisation von anderen Organen der Gesellschaft übernommen werden. Die Gesetze der Bibel mussten den modernen Verfassungen und Rechtswissenschaften weichen, die Zugehörigkeit zu einer Organisation übernehmen heute Nationen, Firmen, Vereine. Andere, moralische Aspekte werden durch gesellschaftliche Normen, Philosophie und Ethik weitergegeben und betrachtet. Das einzige, was eine Glaubensrichtung heutzutage noch leisten kann, ist ein „Sinnesgefühl", d.h. dem Leben einen Sinn zuzuschreiben.
Diese genetische Komponente hat dazu geführt, dass sich Milliarden von Menschen Gedanken über ihre Entstehung, höhere Mächte/Wesen gemacht haben und auf Basis ihrer Überlegungen Glaubensrichtungen entwickelt oder ausgeübt

haben. Eine Betrachtung durch die „bodenständigen" Wissenschaften ist dagegen noch nicht erfolgreich „erfolgt". Eine mögliche Erklärung wäre, dass ein Superorganismus bei der Entwicklung des Menschen einen Hinweis auf sich selbst hinterlassen hat. Das bedeutet, dass der seit Anbeginn der Menschheit gesuchte „Gott" die Biosphäre sein könnte.

VI. Ein neues Weltverständnis

Die Existenz von biologischen Superorganismen, insbesondere von einem aus der ganzen Biosphäre bestehenden Superorganismus, würde das Verständnis der Menschheit von der Natur, von sich selbst und des Lebens an sich komplett umwälzen. Es würde bedeuten, dass jegliche Lebewesen auf dieser Erde zusammen gemeinsam etwas Größeren bilden. Jeder Mensch, jedes Tier, jede Pflanze, ja jedes Bakterium wäre demnach Teil eines größeren Superorganismus und würde demnach zur Erfüllung einer „höheren Aufgabe" beitragen: Das Überleben auf der Erde zu sichern.

Diese Neubetrachtung der Welt gemäß der Superorganismus-Theorie offenbart eine weitaus komplexere Umwelt, in der jede Bakterienkolonie, jede Spezies oder Art einen eigenen Superorganismus bildet. Die gesamte Erde ist umspannt von einem riesigen hochkomplexen Netzwerk aus Bewusstseinen, die miteinander Interagieren, Informationen austauschen, bzw. verarbeiten und dabei konkurrieren oder auch kooperieren.

Dies mag unvorstellbar klingen, doch wenn man sich die extrem lange Zeitspanne von über 4 Milliarden Jahren bewusst macht, in der das Leben Zeit hatte sich zu der heutigen hochkomplexen Biosphäre zu entwickeln, ist die Existenz der belebten Natur zwar immer noch ein Wunder, aber nicht unerklärbar.

Natürlich stellt sich dabei die Frage, wie alles angefangen hat. Wie hätte ein globaler Superorganismus entstehen können, der die Entstehung einer derart komplexen Biosphäre ermöglicht hat? Was ist in der geradezu magisch anmutenden Zeitspanne passiert, als der unbelebten Materie auf der Erde ein lebendes Bewusstsein „eingehaucht" wurde.

Gemäß der Forschungen und Erkenntnisse der letzten Jahrzehnte ist das Leben höchstwahrscheinlich an schwarzen Rauchern, d.h. Unterwasservulkanen, entstanden. Der vulkanische Ausstoß setzte permanent Moleküle und Energie frei, sodass es um diese Schlote am Meeresgrund herum zu hohen Konzentrationen von komplexeren Molekülen, wie z.B. Nukleinbasen kam, aus denen sich RNA-Moleküle bilden konnten. Diese Moleküle konnten miteinander reagieren und längere RNA-Stränge bilden. Da eine Interaktion von chemischen Molekülen miteinander im Gehirn ebenfalls ein Bewusstsein erzeugen kann, ist es nur naheliegend, dass dies zwischen den Molekülen an den schwarzen Schloten ebenfalls der Fall gewesen sein kann. Dennoch ist die Entstehung von Leben selbst nach den heutigen Maßstäben der Wissenschaft ein absolutes Wunder, denn wieso in einem unbelebten Universum etwas Lebendes entstehen kann, ist durch die reduktionistische Wissenschaft nicht nachvollziehbar. In diesem Punkt sind sich Wissenschaftler und Philosophen noch streitig, denn die Existenz von Leben und Bewusstsein kann nach der Ansicht von Philosophen nur bedeuten, dass es im Universum eine inhärente physikalische Basis für diese Phänomene geben muss.

Doch selbst wenn aufgrund von RNA Interaktionen ein Bewusstsein entstanden sein sollte, erklärt das noch nicht, wie es zur Bildung von komplexen Zellen kam, denn ein Bewusstsein ohne Werkzeuge um die Umwelt zu verändern, ist zum Sterben verdammt. Das heißt, dass gleichzeitig zur

Entstehung eines solchen Bewusstseins ebenfalls rudimentäre molekulare Werkzeuge entstanden sein müssen, die das Bewusstsein auf irgendeine Art und Weise steuern konnte. Beide Phänomene für sich mögen ja schon unwahrscheinlich anmuten, doch die Tatsache, dass das Leben bereits kurz nach der Verfestigung der Erde entstanden ist, legt nahe, dass die Wahrscheinlichkeit dafür nicht so gering sein kann. Es scheint so, als würde unter den richtigen Grundvoraussetzungen, wie Temperatur, Art und Häufigkeit der verfügbaren Moleküle, sowie einer ausreichenden Energiezufuhr, relativ schnell Leben entstehen. Wenn diese Wahrscheinlichkeit relativ hoch ist, sollte auf der Erde mehrmals Leben entstanden sein. Ebenfalls müsste es im Universum von Leben wimmeln, da es unzählige Planeten mit diesen Voraussetzungen gibt. Eventuell gab oder gibt es sogar bei uns im Sonnensystem noch weitere Orte, die diese Voraussetzungen erfüllt haben, z.B. auf dem Mars oder auf den Jupitermonden. Das könnte bedeuten, dass bereits in naher Zukunft die Existenz von extraterrestrischen Leben nachgewiesen werden könnte.

Doch obwohl die Entstehung und Erforschung des globalen Superorganismus spannende Themen sind, gibt es noch erheblich weitreichendere Schlussfolgerungen aus der Superorganismus Theorie, die jegliche Aspekte des Miteinanderlebens der Menschen, etwa moralisch, ökonomisch oder sozial, verändern könnten.
Für das Funktionieren eines globalen Netzes aus Superorganismen ist ein abgestimmtes Verhältnis zwischen Kooperation und Konkurrenz der Akteure im System des Lebens notwendig: Obwohl die Kooperation von einzelnen

Akteuren miteinander die Effizienz steigert und eine Problemlösungsfähigkeit ermöglicht, die die Summe der einzelnen Akteure bei weitem übersteigt, ist Konkurrenz notwendig, um Innovationen zu motivieren. Dies ist dabei analog zu menschlichen Handlungsweisen: Die Menschheit hat ihre Abstimmung von Konkurrenz und Kooperation im Laufe der letzten Jahrtausende massiv verbessert: Früher führte eine sehr starke Konkurrenz zwischen Stämmen dazu, dass die Menschen sich einerseits neuen Lebensraum suchen mussten, um Streitigkeiten aus dem Weg zu gehen und andererseits zur Entwicklung von neuen Überlebenstrategien. Ersteres führte zur Ausbreitung der Menschen auf der gesamten Erde, letzteres führte zu Innovationen wie dem Ackerbau oder neuen Jagd/Kriegswaffen. Im Laufe der Zeit etablierten sich in den meisten Teilen der Welt zivilisatorische Innovationen, die es immer mehr Menschen ermöglichten miteinander zu kooperieren. Dadurch bildeten sich immer größere Gemeinschaften aus Individuen deren Verwandtheitsgrad immer weiter abnahmen. Daher war es nötig, neue Methoden zur Bildung eines Gemeinschaftsgefühls zu etablieren, damit die Menschen sich als Teil eines Größeren fühlen konnten und dadurch motiviert werden konnten, die Ziele dieses „Größeren" zu verfolgen. Dazu wurden neue Vereinigungsformen gebildet, wie etwa Religionen oder Länder, die Stammeszugehörigkeit ersetzten. Als Folge kam es jedoch dann zwischen diesen übergeordneten Systemen zu Konkurrenz und es wurden unzählige Kriege geführt, um Königreiche zu erweitern, Religionen zu verbreiten oder wirtschaftliche Positionen zu verbessern. Diese Kriege waren Zeiten extremer Konkurrenz zwischen den „Zugehörigkeitsgruppen", die zu einem sehr hohen Innovationsdruck, sowie Kooperationszwang zwischen den Mitgliedern, führte. Als Folge daraus wurden immer ausgefeiltere Strategien und Waffensysteme entwickelt, wodurch die Kriege immer höhere Verluste und mehr Zerstörung über die Menschen brachten. Der Höhepunkt dieser Innovationskriege wurde im 20. Jahrhundert mit den Weltkriegen und dem darauf folgenden Kalten Krieg erreicht. Doch da aufgrund des Innovationsdruckes immer wirkungsvollere Waffen entwickelt wurden, lohnte sich eine kriegerische Auseinandersetzung immer weniger, da sie schließlich die vollkommene Auslöschung aller Beteiligten und auch Unbeteiligten zur Folge haben konnte. Infolgedessen kam es zu einer Verlagerung der Konkurrenz, von kriegerischen Übernahmen von Ländern oder Ressourcen, zur Konkurrenz in Wirtschaftssystemen: Die USA und Japan beispielsweise bekriegen sich nicht mehr mit Soldaten und Bomben, sondern mit innovativen Produkten und Währungen. Die Abstimmung von Konkurrenz und Kooperation wurde zugunsten der Kooperation verschoben, denn eine wirtschaftliche Konkurrenz erfordert eine „Steuerung"/Verwaltung der Waren- und Geldflüssen. Diese modernen Wirtschaftssysteme sind eine geniale Erfindung, um Konkurrenz und Kooperation friedlich abzustimmen. Sicher gibt es in der heutigen Zeit noch sehr viele Mängel und schlecht geregelte Aspekte des Kapitalismus, doch das ist keinesfalls verwunderlich, da diese Form der Wirtschaftsorganisation erst seit einer relativ kurzen Zeit besteht. All die momentanen ökonomischen Probleme, wie etwa ein aufgeblähter Finanzsektor der für eine geringe Wertschöpfung überproportional viel Geld erwirtschaftet, extreme Ungleichverteilung des Wohlstands oder Korruption der Politik durch einflussreiche Industrien, kann man als Kinderkrankheiten des Kapitalismus bezeichnen. Diese werden mit der Zeit abgeschwächt oder ausgemerzt, die Ansätze davon sind bereits heute erkennbar. Interessant ist, dass die Menschheit mit dem Kapitalismus ganz ähnliche Ansätze wie in der Natur verfolgt: Verschiedene Akteure (Spezies/Menschen) kooperieren entweder miteinander (Symbiose/Gruppenbildung), oder konkurrieren miteinander (Fressfeinde/Firmen). Dabei dienen all diese Verhaltensweisen einem höheren Ziel: Die Konkurrenz von Spezies führt zu einem Wettrüsten und immer ausgefeilteren Lebensformen, die das Leben auf der Erde langfristig sichern können (und damit das Überleben des Superorganismus). Bei den Menschen ist das Ziel der technologische Fortschritt, um das Überleben der Menschheit zu gewährleisten (und damit auch wieder des Superorganismus). Dafür kooperieren Menschen miteinander, indem sie Betriebe bilden, die dann wiederum mit anderen Betrieben (und den dazugehörigen Menschen) konkurrieren. Im Grunde handelt es sich dabei für die Gesamtmenschheit betrachtet um Scheinkonkurrenz: Die Betriebe kämpfen zwar jeweils ums Überleben (und die Menschen um ein sicheres Einkommen), indem sie durch innovative Produkte den Konkurrenten einen Schritt voraus sein wollen, doch der eigentliche Profiteur ist immer die Menschheit: Durch die dabei erzeugten Innovationen kommt es zu technologischem Fortschritt. Durch neue Technologien kann die Menschheit die Wahrscheinlichkeit ihres Fortbestehens positiv beeinflussen, z.B. indem der Klimawandel vorausgesagt und abgeschwächt wird, oder wenn etwa ein Asteroid, der große

Teile der Erde zu verwüsten droht, frühzeitig erkannt und umgelenkt werden könnte. Dabei ermöglicht jeder einzelne Mensch durch die Erfüllung seiner jeweiligen Aufgabe das Funktionieren der gesamten Menschheit, sowie deren technologischen Fortschritts und damit auch das Überleben des globalen Superorganismus.

Der Mensch als (noch) erste Spezies mit höherer Intelligenz ist dabei in der Verantwortung sich seiner Macht bewusst zu sein und diese sinnvoll einzusetzen, insbesondere um eine Zerstörung der Natur zu vermeiden. Die Natur sollte dabei immer als etwas „Heiliges" betrachtet werden, dessen Teil wir auch alle sind. Dabei liegt die Verantwortung bei jedem einzelnen Menschen, denn jeder Mensch ist ein Teil der Gemeinschaften, die schließlich Gesellschaften bilden, die wiederum mit anderen Gesellschaften interagieren. Die Menschheit in ihrer Gesamtheit ist mehr als die Summe aller Menschen, doch die Taten eines jeden Menschen haben einen Einfluss darauf. Natürlich haben manche Menschen einen größeren Einfluss darauf, in welche Richtung die Menschheit sich entwickelt: Große Konzernlenker, einflussreiche Politiker und Menschen mit großem Kapitaleigentum können Einfluss auf die Entwicklung ganzer Gesellschaften nehmen, im Positiven wie im Negativen. Daher tragen diese Menschen eine besonders hohe Verantwortung, auch wenn diese in der Vergangenheit oft ignoriert wurde: Das Streben nach Macht und Geld wurde bei vielen zum Selbstzweck, d.h. es wurde nur mehr Reichtum angestrebt, um Reicher zu sein, ebenso wie Macht um mächtiger zu werden. Diese sinnlose Gier nach Geld und Macht, die keinerlei Maß mehr hatte und deren Anhäufung dem „Besitzer" oder seinen Nachkommen ab einem gewissen Punkt keinen nennenswerten Vorteil mehr bringen können, führte zum Raubbau von Ressourcen, der Ausbeutung von Menschen und der Zerstörung der Natur. Zahllose Spezies wurden ausgerottet, Flüsse und Landstriche vergiftet und verwüstet, unzählige Menschenleben zerstört und das Überleben der Menschheit an sich gefährdet, weil Menschen der Gier nach Macht und Geld verfallen waren. In letzter Zeit gab es in dieser Hinsicht, zumindest teilweise, ein Umdenken: Anstatt nur sinnlos Reichtümer anzuhäufen und sich destruktiv Macht anzueignen, bzw. auszuüben, stellen sich immer mehr Menschen die Frage, wie sie ihrer gesellschaftlichen Verantwortung nachkommen können. Bill Gates zeigt anhand seiner Stiftung, dass angehäufter Reichtum nicht egoistisch genutzt werden muss. Elon Musk hat sein durch die Gründung innovativer Unternehmen erarbeitetes Vermögen unter höchstem Risiko in neue Unternehmungen investiert, die Probleme der Menschheit lösen sollen, wie etwa Tesla oder SpaceX.

Dabei muss jedoch das Geld immer sinnvoll eingesetzt werden, damit es nicht destruktiv wirkt: Denn gerade Ansätze wie etwa Entwicklungshilfe erzielen in der Regel einen negativen Effekt auf die zu entwickelnden Regionen. Durch das „geschenkte" Essen aus europäischen oder amerikanischen Überschüssen werden die Einheimischen Farmer und Händler ruiniert, durch den Import alter Kleidung aus Sammlungen in den Industrieländern werden Erzeuger von Stoffen, Näher und Händler ihrer Erwerbsgrundlage beraubt. Die Ausbeutung von Ressourcen durch Korruption und rücksichtslose Konzerne tun ihr Übriges um Dritte-Welt-Länder an ihrer Weiterentwicklung zu hindern.

Sinnvoller wäre es, Geld in die Schaffung von Produktionskapazitäten und Infrastruktur zu investieren, um langfristig Jobs und Wohlstand zu schaffen, so wie etwa in Singapur. Ein solches Anwenden auf stark entwicklungsbedürftige Länder hätte mit Sicherheit einen wesentlich positiveren Effekt als das ziellose Verschenken der Überschüsse aus Industrienationen. Problematisch sind natürlich die Risiken bei Investitionen z.B. in Zentralafrika aufgrund von Korruption und möglichen Konflikten, doch das ist ein anderes Thema.

Obwohl die Menschheit offenkundig viele Probleme hat, die auf ungleich verteiltem und falsch eingesetztem Kapital, zu kurzfristigem Denken in Politik und Wirtschaft und der grundsätzlichen mentalen Einstellungen vieler Menschen, basieren, kann man zuversichtlich bleiben, dass diese mit der Zeit ausgemerzt werden. Es gibt einige statistisch nachweisbare Megatrends in der Menschheit, die sich über lange Zeiträume hinweg entwickeln: Die Neigung zu Gewalt geht seit tausenden von Jahren zurück, während die Intelligenz und der Wohlstand steigt (wenn auch leider nicht allzu ausgeglichen).

Die Menschheit hat ihre „Kindheitsphase" hinter sich gelassen und befindet sich momentan mitten in der „Teenager-Wachstumsphase": Wie bei einem Menschen, ergeben sich in einer solchen Wachstumsphase natürlich Konflikte, mit der Umwelt, aber auch mit sich selbst, da aufgrund fehlender Reife voreilige und falsche Entscheidungen getroffen werden. Aus deren Folgen sollte man jedoch die richtigen Schlüsse ziehen und etwas lernen, sodass mit genügender Anstrengung, sowie Reformwillig- und Fähigkeit diese Missstände mit der Zeit immer weiter ausgemerzt werden können. Dafür ist es jedoch essentiell, dass alle Institutionen, Handlungsweisen, Systeme, Gesetze, Regulierungen etc. wissenschaftlich analysiert und bewertet werden. Dies kann Schwachstellen aufdecken und beheben. Dazu ist jedoch unbedingt erforderlich, dass keine Institution, kein politisches oder wirtschaftliches System von einer solchen Reform ausgeschlossen werden darf.

Obwohl die Menschheit noch einige strukturelle und organisatorische Probleme zu bewältigen hat, sind die mittelfristigen Zukunftsaussichten alles andere als düster.

Langfristig sieht es für das Leben jedoch momentan eher schlecht aus: Es gibt bereits seit ca. 4 Milliarden Jahren Leben auf der Erde, doch aufgrund des Sonnenlebenszyklus bleibt nur noch etwa eine Restlebensdauer von weniger als 2 Milliarden Jahren. Daraus wird offensichtlich, dass das Leben seine Halbzeit bereits vor langer Zeit überschritten hat. Obwohl die noch verbleibende Zeit auf der Erde sehr lang erscheinen mag, insbesondere aufgrund der rasanten technologischen Entwicklung der Menschheit in den letzten 150 Jahren, sollte die Erforschung des Weltraums eine hohe Priorität innehaben. Es könnte in der „nahen" stellaren Umgebung Risikoquellen, wie etwa große Asteroiden geben, die in naher Zukunft auf die Erde stürzen und große Zerstörung anrichten könnten. Die Erfassung und Minimierung dieser außerirdischen Risiken können für die Menschheit überlebenskritisch sein.

Der logische nächste Schritt wäre dann die Verbreitung des Lebens auf andere Himmelskörper. In (hoffentlich naher) Zukunft kann es Kolonien der Menschheit auf dem Mars, oder auf Monden des Jupiters geben, aus deren Etablierung und Aufrechterhaltung der Mensch einiges an Raumfahrt und Terraforming Know-How erarbeiten kann. Auf dieser Wissensbasis könnten in ferner Zukunft und mit beträchtlicher Forschungs- und Entwicklungsarbeit Generationenraumschiffe gebaut werden, die die Ansiedlung des Lebens in anderen Sonnensystemen ermöglichen. Doch bis dahin ist es noch ein langer, anstrengender aber auch aufregender Weg.

Doch dringendere Fragen der heutigen Zeit betreffen die Suche nach Lösungen für die momentan schwerwiegenden Probleme der Menschheit, sowie deren Auswirkungen auf die gesamte Natur. Problematische Entwicklungen und Handlungsweisen wie Überbevölkerung, Raubbau an Ressourcen, Umweltverschmutzung und Zerstörung von Ökosystemen müssen erst bewältigt werden, um eine nachhaltige Bewirtschaftung der Erde gewährleisten zu können. Dazu muss die Kooperation zwischen Bevölkerungsgruppen gestärkt und langfristiges Denken vermittelt werden. Problematisch ist dabei jedoch auch, dass insbesondere in den Industriestaaten, immer mehr Menschen desillusioniert werden: Es mag vielen erscheinen, dass der „Sinn des Lebens" abhandengekommen ist. Dies kann auch damit zusammenhängen, dass Menschen in reicheren Ländern mehr Zeit haben, um sich über ihren Platz im Universum Gedanken zu machen, da sie nicht mehr jeden Tag aufs Neue ums Überleben kämpfen müssen. Damit zusammenhängen mag auch, dass die Menschen von den „einfachen Wahrheiten" der Religionen und deren ignoranten und arroganten Umgang mit wissenschaftliche Erkenntnissen enttäuscht wurden. Als Ersatz entwickeln viele Menschen einen Hang zum Hedonismus, Leben für den Moment und jagen einer Abfolge von Momenten der „Glücksempfindung" hinterher. Dies kann natürlich nicht langfristig glücklich machen, da das Gehirn gegen solche kurzfristigen Glücksempfindungen, wie z.B. süßes Essen oder Alkohol schnell abstumpft, sodass man immer mehr davon braucht um sich „Glücklich" zu fühlen. Daraus folgen Exzesse, das Maß wird verloren, Diabetes, Fettleibigkeit, Suchterkrankungen oder Depressionen können die Folge sein. Ein vergleichbarer Trend ließ sich zum Ende des römischen Reiches beobachten, wo es, zumindest in den wohlhabenderen Schichten, zu großen hedonistischen Exzessen kam. Ähnliche Exzesse spielen sich auch heute ab, dass die Menschen nur noch exzessivem Reichtum oder Macht nachjagen, mit der Hoffnung, dass die nächste Steigerung des Vermögens oder Einflusses sie zufriedenstellen können würde. Eine wohlhabende Gesellschaft sollte jedoch nicht prinzipiell desillusioniert sein, möglicherweise braucht es nur eine neue Perspektive auf das Leben, um dem vorzubeugen.

Mittlerweile ist für viele Menschen eine erfüllende Arbeit, sowie ein dazu ausgewogenes Sozial- und Familienleben wichtiger geworden, als die Verfolgung von materiellen Gütern oder Macht zum Selbstzweck. Betrachtet man die Frage nach dem Sinn des Lebens unter dem Aspekt der Superorganismus-Theorie, macht dieser Wandel Sinn: Wenn wir von einem Superorganismus entwickelt worden sind, der durch uns lebt, dann würden all die Handlungsmuster, die dieses „Über"-Leben begünstigen, uns glücklich machen. Dadurch, dass die Ausübung solcher Tätigkeiten als positiv empfunden wird, werden die Menschen darin bestärkt diese zu wiederholen. Eine als sinnvoll angesehene Arbeit, die das Funktionieren der Menschheit gewährleistet oder zu deren Fortschritt beiträgt, ein ausgefülltes Familien und Sozialleben, dass einerseits für das Fortbestehen der Nachkommen und andererseits auch für den Informationsaustausch innerhalb der Menschheit sorgt, können zusammen „ganz nebenbei" zu einem erfüllten Leben führen.

Insbesondere auch durch die Fixierung der Medien auf Reichtum und Berühmtheit als Höchstes aller Ziele, wird oft vergessen, das (fast) jede Arbeit, die bezahlt wird, einen Sinn erfüllt: In der Regel geben Unternehmen nur Geld aus, wenn es notwendig ist, d.h. eine Arbeit die bezahlt wird, ist nötig um ein Teilsystem der Menschheit in Betrieb zu halten. Sei es das Abholen von Mülltonnen damit die Städte nicht im Müll ersticken, das Lösen von komplexen physikalischen Gleichungen um Teilchenbeschleuniger in Betrieb zu nehmen, die zur Erweiterung des Wissens über das Universum beitragen, oder das Fahren eines LKWs um den Warenaustausch in der Wirtschaft zu ermöglichen. Ein übermäßiger Konsum von Medien die suggerieren, nur „besondere" Jobs wie Schauspieler oder Profisportler verdienen sehr hohe Anerkennung, kann auch zu Verdrossenheit führen. Dabei sollte sich jeder bewusst machen, dass selbst grundlegendste Arbeiten für das Funktionieren der Menschheit essentiell sind, dass also jeder als Teil des Größeren eine wichtige Aufgabe erfüllt.

Oft wird die These vertreten, dass der Sinn des Lebens für das menschliche Gehirn unbegreifbar ist, da es nicht über die nötige „Rechenleistung" verfügt, um diesen Sinn zu erfassen. Wahrscheinlicher ist jedoch, dass der Sinn viel banaler und einfacher ist. Der Sinn des Lebens (auf der Erde) ist, dass ein Superorganismus mit Bewusstsein überleben will. Der Sinn eines (Menschen-) Lebens ist daher die Sicherstellung dieses Überlebens, durch sinnvolle Arbeit, Fortpflanzung und Austausch in der Gesellschaft.

Ein weiterer kultureller Aspekt der durch die Superorganismustheorie komplett neu erarbeitet werden muss, ist der Gottesbegriff. Früher war ein Gott immer als ein „übernatürliches", „allwissendes" oder „allmächtiges" höheres Wesen definiert, das uns nicht nur erschaffen hat, sondern auch alles beeinflusst. Dass es diese Suche nach einem Gott überhaupt gibt, war für die Wissenschaft schon immer rätselhaft. Es gibt zwar Studien, die eine Art „genetischen Glaubensinstinkt" nahelegen, d.h. dass der Mensch instinktiv an etwas Glauben „will", doch welche Vorteile das hat war nicht klar. Eine Abgrenzung oder Vereinigung von Menschengruppen kann ebenso gut durch andere Gruppenzugehörigkeiten vollzogen werden, z.B. Sprache, Stamm, Nation etc. Wieso sollte der Mensch, der bereits einen genetischen Instinkt zur Gruppenbildung hat, noch einen weiteren Instinkt für das Glauben an eine höhere Macht besitzen? Eine Erklärung wäre natürlich, dass ein Superorganismus, der uns entwickelt hat, einen Hinweis auf seine eigene Existenz in unseren Genen hinterlassen hat und sich erhofft, „gefunden zu werden". Das würde heißen, dass der sogenannte „Gott", nach dem der Mensch seit Anbeginn seiner Zeit sucht, ein biologischer Superorganismus ist. Ein solcher Hinweis mag bei der Kurzsichtigkeit der Menschen Sinn machen, denn ein respektvoller Umgang mit der Natur würde Raubbau an

Ressourcen und die daraus folgende Zerstörung ganzer Ökosysteme ausschließen.

Das würde heißen, dass der Gottesbegriff nicht mehr zwingend für eine esoterische höhere Macht stehen muss, sondern einfach für ein „höheres" Lebewesen, nämlich einen biologischen Superorganismus. Einen solchen „Gott" könnte man wissenschaftlich beschreiben und erfassen. Das neue Bild würde auch eine „übernatürliche Beeinflussung" aller Geschehnisse ausschließen, d.h. die Dinge, die uns widerfahren, sind nicht Teil eines größeren Plans, sondern entweder Zufall oder Folge unser Handlungen. Dies würde den Menschen wieder mündig und selbstverantwortlich machen. Eine atheistische Haltung macht den Menschen zwar auch mündig, ist jedoch für viele mit einem Verlust an „Sinn" verbunden. Dabei können beide extremen Positionen nicht förderlich für die Menschheit sein: Ein esoterischer Traum von einer perfekten Welt im „Jenseits" nach dem Tod kann dazu führen, dass das „Diesseits" als vergänglich und weniger wichtig angesehen wird. Ein Raubbau an der Erde könnte dann nicht mehr als Problem angesehen werden, da im Jenseits eine perfekte Welt auf einen wartet. Atheistische Weltansichten können dazu verleiten, keinen tiefergehenden „Sinn" mehr zu erkennen, sodass ein hedonistischer Lebenswandel für einen Selbst als das „sinnvollste" angesehen wird. Beide Lager können auch zu einer Spaltung der Menschen führen, „wir gegen die". Natürlich sind das alles extreme Beispiele und die meisten Anhänger der jeweiligen Theorien dürften zwischen diese Extrempositionen fallen.

Doch ein Umdenken, dass die jetzige Welt die (vorerst) einzige ist, die wir haben und dass wir als Teil eines

Größeren definitiv einen Sinn im Leben haben, sollte für den nachhaltigen Fortschritt der Menschheit gewaltige Vorteile bringen.

Es könnte die Menschen sogar näher zusammenbringen, da jeder Mensch ein Teil von etwas Größeren ist, wir also alle Teil eines großen Ganzen sind: Des globalen Superorganismus.

Literaturverzeichnis

[1] J. Bauer, Das kooperative Gen, Hamburg: Hoffman
     und Campe Verlag, 2008.

[2] E. Ben-Jacob, „Bacterial wisdom, Gödel's Theorem
     and creative genomic webs," *Physica A,* pp. 57-76, 31
     August 1997.

[3] E. Bell, P. Boehnke, T. Harrison und W. Mao,
     „Potentially biogenic carbon preserved in a 4.1
     billion-year-old zircon," *Proceedings of the National
     Academy of Sciences of the United States of America,*
     2015.

[4] H. Bloom, Global Brain: The Evolution of Mass Mind
     from the Big Bang to the 21st Century, Wiley, 2001.

[5] J. Shapiro, „ 21st century view of evolution: genome
     system architecture repetitive DNA, and natural
     genetic engineering," *Gene 345,* pp. 91-100, 2005.

[6] J. Shapiro, „Genome Informatics: The Role of DNA in
     Cellular Computations," *Biological Theory,* pp. 288-
     301, September 2006.

[7] K. Peterson und N. Butterfield, „Origin of the
     Eumetazoa: Testing ecological predictions of

molecular clocks against the Proterozoic fossil record," *Proceedings of the National Academy of Sciences of the United States of America,* Mai 2005.

[8] S. Gould und N. Eldredge, „Punctuated Equilibrium Comes of Age," *Nature 366,* pp. 223-227, 1993.

[9] P. Morris, L. Ivany, K. Schopf und C. Brett, „The challenge of paleoecological stasis: reassessing sources of evolutionary stability," *Proceedings of the National Academy of Sciences of the United States of America,* 1995.

[10] B. McClintock, „The origin and behavior of mutable loci in maize," *Proceedings of the National Academy of Sciences of the United Sates of America,* pp. 344-355, 8 April 1950.

[11] S. Ravindran, „Barbara McClintock and the discovery of jumping genes," *Proceedings of the National Academy of Sciences of the United States of America,* 2012.

[12] I. H. G. Consortium, „Initial sequencing and analysis of the human genome," *Nature 409,* pp. 860-921, 2001.

[13] C. Darwin, The Origin of Species, 1859.

[14] R. Wesson, Beyond Natural Selection, 1993: The MIT

Press, 1993.

[15] A. Prindle, J. Liu, M. Assaly, S. Ly, J. Garcia-Ojalvo und G. Süel, „Ion channels enable electrical communication in bacterial communities," *Nature,* 2015.

[16] J. Shapiro, „Observations on the formation of clones containing araB-lacZ cistron fusions," *Molecular and General Genetics MGG,* Bd. 194, Nr. 1, 1984.

[17] H. Beck, Biologie des Geistesblitzes - Speed up your mind!, Springer Spektrum, 2013.

[18] B. Hall, „Adaptive evolution that requires multiple spontaneous mutations. I. Mutations involving an insertion sequence," *Genetics,* 1988.

[19] B. Hall, „Adaptive evolution that requires multiple spontaneous mutations: mutations involving base substitutions," *Proc Natl Acad Sci U S A,* p. 5882–5886, 1 July 1991.

[20] S. Bhattacharyya, R. Habermacher, U. Martine, E. Closs und W. Filipowicz, „Relief of microRNA-Mediated Translational Repression in Human Cells Subjected to Stress," *Cell,* 13 Juni 2006.

[21] W. Theurkauf, „Transposon Silencing of Small RNAs," *Developmental Cell,* 2011.

[22] S. Kuraku, H. Qiu und A. Meyer, „Horizontal Transfers of Tc1 Elements between Teleost Fishes and Their Vertebrate Parasites, Lampreys," *Genome Biology and Evolution,* 2 August 2012.

[23] „Spektrum der Wissenschaft," Spektrum Springer Verlag, 19 September 2011. [Online]. Available: http://www.spektrum.de/news/pflanzliche-rna-aus-der-nahrung-reguliert-koerperprozesse/1123634. [Zugriff am 27 Oktober 2015].

[24] G. Wagner, C. Amemiya und F. Ruddle, „Hox cluster duplications and the opportunity for evolutionary novelties," *Proceedings of the National Academy of Sciences of the United States of America,* 2003.

[25] M. Blume, „Vererbte Religion," *Spektrum der Wissenschaft,* 2011.

Notizen